"十三五"国家重点图书出版规划项目

新编赛鸽疾病诊疗全书

中国农业科学院组织编写

仲学峰　主编

中国农业科学技术出版社

图书在版编目（CIP）数据

新编赛鸽疾病诊疗全书 / 仲学峰主编 . —北京 :
中国农业科学技术出版社 , 2017.10（2025.4 重印）
ISBN 978-7-5116-3262-3

Ⅰ . ①新…　Ⅱ . ①仲…　Ⅲ . ①鸽病—诊疗
Ⅳ . ① S858.39

中国版本图书馆 CIP 数据核字（2017）第 230935 号

责任编辑　白姗姗
责任校对　贾海霞

出 版 者　中国农业科学技术出版社
北京市中关村南大街 12 号　邮编：100081
电　　话　（010）82106638（编辑室）（010）82109702（发行部）
（010）82109709（读者服务部）
传　　真　（010）82106650
网　　址　http://www.castp.cn
经 销 者　各地新华书店
印 刷 者　北京中科印刷有限公司
开　　本　880mm × 1 230mm　1 /32
印　　张　7.375
字　　数　178 千字
版　　次　2017 年 10 月第 1 版　2025 年 4 月第 9 次印刷
定　　价　58.00 元

编委会

《画说『三农』书系》

序言

让农业成为有奔头的产业，让农村成为幸福生活的美好家园，让农民过上幸福美满的日子，是习近平总书记的“三农梦”，也是中国农民的梦。

农民是农业生产的主体，是农村建设的主人，是“三农”问题的根本。给农业插上科技的翅膀，用现代科学技术知识武装农民头脑，培育亿万新型职业农民，是深化农村改革、加快城乡一体化发展、全面建成小康社会的重要途径。

中国农业科学院是中央级综合性农业科研机构，致力于解决我国农业战略性、全局性、关键性、基础性科技问题。在新的历史时期，根据党中央部署，坚持“顶天立地”的指导思想，组织实施“科技创新工程”，加强农业科技创新和共性关键技术攻关，加快科技成果的转化应用和集成推广，在农业部的领导下，牵头组建国家农业科技创新联盟，联合各级农业科研院所、高校、企业和农业生产组织，建立起更大范围协同创新的科研机制，共同推动农业科技进步和现代农业发展。

组织编写《画说“三农”书系》，是中国农业科学院在新时期加快普及现代农业科技知识，帮助农民职业化发展的重要举措。我们在全国范围遴选优秀专家，组织编写农民朋友喜欢看、用得上的系列图书，图文并茂地展示最新的实用农业科技知识，希望能为农民朋友充实自我、发展农业、建设农村牵线搭桥做出贡献。

中国农业科学院党组书记 陈萌山

2016 年 1 月 1 日

前言

早在十年前，我们进入赛鸽行业之初，就已经预见到中国赛鸽运动今天的发展规模和火爆程度。而彼时,国内鸽友的整体意识尚停留在饲养—比赛的二元环节，公棚还是一个新鲜事物。

而今，赛鸽不光是一种个人的兴趣爱好，它更多地融入了人们对赛鸽本身的研究以及赛鸽所承载的巨大经济效益。公棚行业的兴起、俱乐部和协会的助攻已经将赛事推向了全新的高度，连欧洲老牌的赛鸽强国也望尘莫及！这就是中国的赛事!

赛鸽运动是体育竞技运动，只要是竞技就无法回避用药问题，任何的比赛，都需要强壮的选手，从驯养“老国血”时的自然疗法，到 20 世纪 90 年代时简单的毛滴虫、呼吸道、肠道感染到现在的各种病毒和细菌的混合感染、腺病毒 I 型、II 型的变异等，广大鸽友面对复杂的疾病感染而束手无策，寻求有效的防疫和保健方案已经成为高端赛手们成败的重要方向。

当前各种疾病交叉感染和混合感染的概率越来越高，用药治疗越来越难，如何迅速准确诊断疾病，减少用药次数，科学提高用药质量，防止病菌产生耐药性是需要尽快解决的问题。全国各地很多鸽友来电咨询和请求笔者不断开设赛鸽医院以满足各地需求，也有鸽友希望能向笔者学习全系统的鸽病诊疗知识，以期成为赛鸽保健医师。源于此，赛鸽疾病诊疗技术的推广迫在眉睫！

近年来，笔者一直在赛鸽一线从事鸽病诊疗与保健工作，临床收集了大量的病理资料，应出版社邀请，本书以大量临床的彩色图片，并将疾病诊断和治疗进行了科学整理与归类，力求以最新的赛鸽疾病诊疗图片呈现给广大鸽友，希望通过本书，让您在赛鸽竞翔和疾病治疗中得心应手，保证健康，赛出水平！也希望本书的出版，让更多的致力于系统学习鸽病的人士获得专业的指导！

仲学峰
谨识
2017 年 1 月

Contents 目录

第一章

赛鸽的生理及生物学特性

第一节　赛鸽的生理特征

一、卵生、晚成

成年鸽配对成功后，经过多次交尾（交配），7~10天即可产卵（图1–1、图1–2），每次产卵2枚，由公母鸽轮流孵化，孵化17~18天幼鸽即破壳而出。幼鸽出壳之初，全身裸露，或只有很少绒毛，缺乏体温调节能力，眼不能睁，腿不能站，不能自行觅食和啄料，必须在种鸽的抱孵和哺育下才能生存。1周龄前种鸽用鸽乳（嗉囊分泌的乳状物）哺喂，1周龄后，逐步变为用半消化的食物哺喂，2周后逐步变为用浸涨的食物哺喂，通常情况下，4日龄后幼鸽睁眼，14日龄后逐步生长羽毛，21日龄后开始学习觅食，25~28日龄后脱离种鸽哺育，

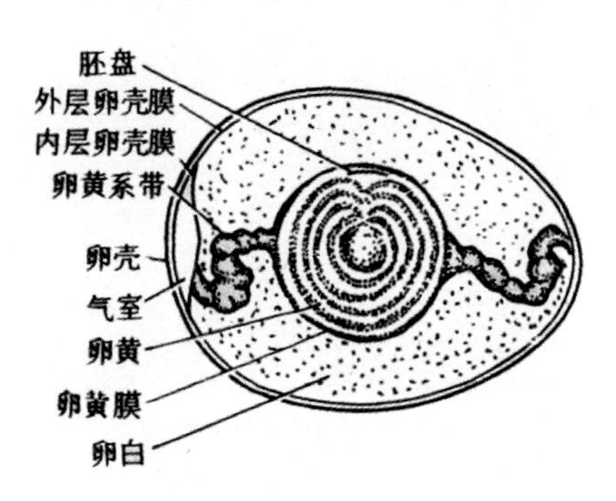

图1–1　鸽蛋的形态构造

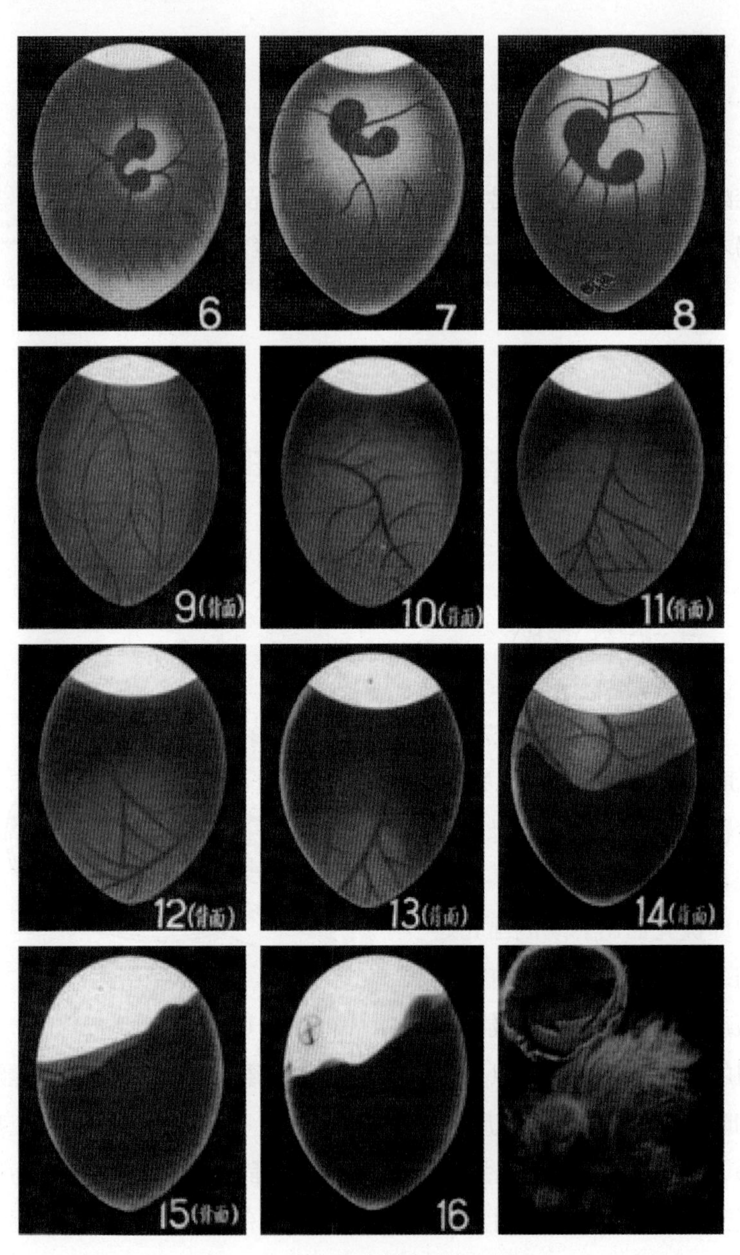

图 1-2　鸽蛋受精后形成胚胎图

独立生活。

二、诱导排卵

赛鸽不同于其他家鸽，雌鸽性成熟后并不会立即产卵，必须雌雄配对，经过多次交配才会产卵。一般情况下，交配后 7~10 天雌鸽才会产卵，产卵前 3 天雌鸽开始趴窝，暖窝，准备产卵。通常情况下雌鸽在第一天产下第一枚蛋，此时雌鸽呈半蹲状，用胸部护住蛋，隔一天再产下第二枚蛋后才开始孵化。

三、具有“双重呼吸”和“双重血液循环”的生理特点

赛鸽与众不同的是它具有与肺气管相通的气囊系统（图 1–3）。当吸气时，吸入的新鲜空气大部分经过缩着的肺进入后气囊，少部分进入副支气管和细支气管，直接与血液进行气体交换；同时前部气囊扩张，接受来自肺的空气（上次呼吸时吸入的）。呼气时，后部气囊

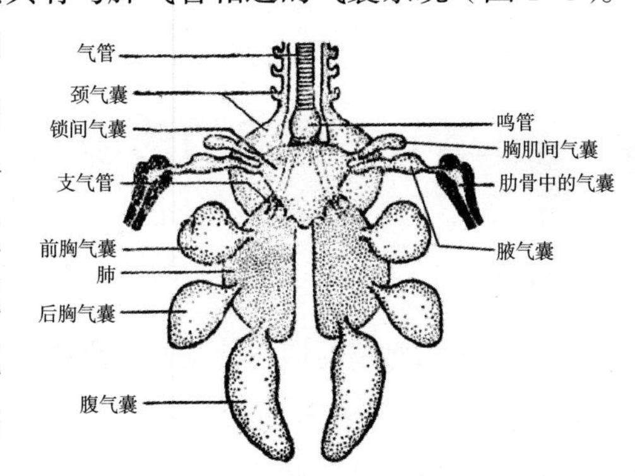

图 1–3　赛鸽呼吸系统与气囊

的空气流入肺内，达到呼吸毛细管进行气体交换；前部气囊的空气进入支气管排出体外。这种一次吸入气体经两个呼吸周期排出体外的现象称为“双重呼吸”。此外，赛鸽除了用肺和气囊进行新陈代谢的功能外，它还可以通过肾脏进行血液循环。这种“双重呼吸”和“双重循环”的特点，使赛鸽耗氧量达到最低，它的循环系统使机体能迅速调整体表温度，以适应外界环境，使它具有抗严寒、耐高温的能力，为竞翔创造最佳条件。

四、规律换羽

成年鸽一般每年6月下旬开始换羽，经过3个月的换羽期，到9月底基本换成。即所谓“七零、八落，九齐、十美”，当年春天作育的幼鸽从45日龄开始脱换幼鸽期生长的羽毛，至6月龄前后第一次换羽结束，标志着赛鸽成年，当年夏秋作育出来的晚生留种鸽，当年未必换羽，幼鸽根据实际作育时间决定是否自然换羽。

赛鸽一般主羽10根，副羽13根，主羽每年更换一次，副羽每年更换一根。

第二节　赛鸽的形态特征和解剖结构

只有熟悉赛鸽的形态特征与生理解剖特点，才能够搞好赛鸽的饲喂管理、竞翔和疾病防治。

一、赛鸽的外部形态结构（图1–4）

1. 头部

赛鸽的头部可以自由转动180°，既有利于观察四周环境，发现天敌和觅途归巢，也便于找食、找水、营巢和育雏。

（1）头顶。赛鸽的圆头和突头比较受欢迎，圆头秀

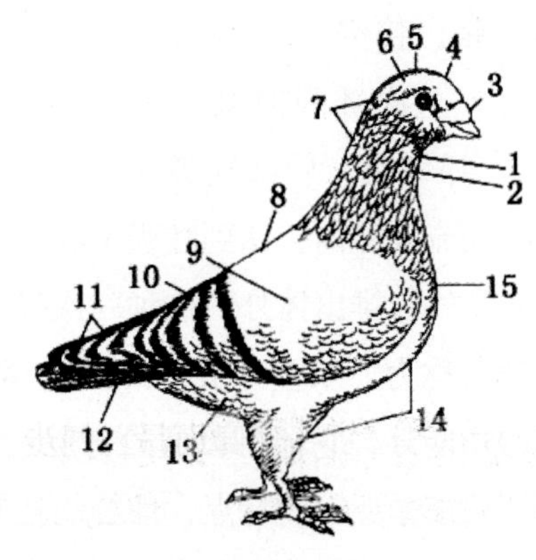

图1–4　鸽体外表各部位名称

1. 腮 2. 喉 3. 鼻瘤 4. 额 5. 头顶 6. 眼 7. 后头 8. 肩羽 9. 中御雨羽 10. 大御雨羽 11. 上扼尾羽 12. 尾羽 13. 初列御雨羽 14. 胸和腿 15. 嗉囊

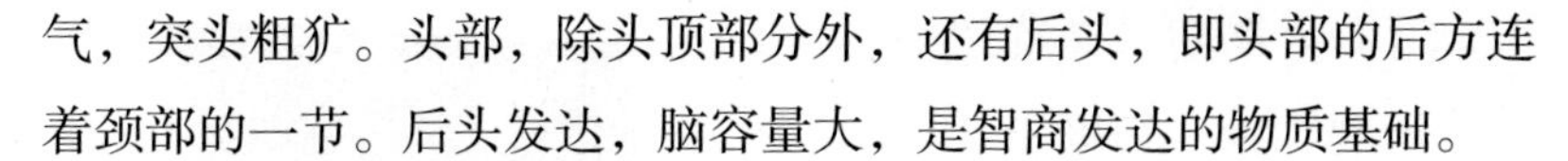

气，突头粗犷。头部，除头顶部分外，还有后头，即头部的后方连着颈部的一节。后头发达，脑容量大，是智商发达的物质基础。

（2）喙。喙的前端是角质，它是争斗、啄食和喂雏的器官。赛鸽的喙分黑色和玉色两种（也有中间色的）。黑色的角质喙比较讨人喜欢。上下喙交会处叫“嘴角”。嘴角要深，才能在育雏时张大嘴巴喂食。嘴角结痂（茧子）越厚，说明该赛鸽哺育幼鸽的次数越多，鸽龄越大。

（3）鼻和鼻瘤。嘴角上方的白色肉体，叫蜡膜，也叫鼻瘤。赛鸽年龄越大，鼻瘤也越大，像是一朵茉莉花贴在嘴角上，名叫开花鼻瘤。在它尖端的两边是鼻孔。蜡膜要求洁白，说明这羽赛鸽有良好的健康状况。病鸽、放飞归来的赛鸽和正在喂雏的种鸽，蜡膜都会呈暗红色。幼鸽的蜡膜呈肉色，在第二次换毛时渐渐变白。

（4）咽喉部。喙的下方是咽喉部。喉的功能，除了是食道和气管的“入口处”外，还有发音的作用。喉咙通常呈淡红色，鲜红的色泽不是好现象，很可能是发病的先兆。观察咽喉时，先看色泽，同时要看它是否拥有直而稳的气管，是否有一对帘幕状的皱褶悬挂在食道上方。在咽喉后方是软腭以及一条清晰可见的血管。

（5）前额。是位于鼻部底下直到眼部之间的一部分。一羽优良赛鸽往往这个部分比较发达，以宽大为好。

2. 颈部

颈部上接头部，下连背部，牵动头部的转动。颈部支持着头部时，使得赛鸽举头过身而昂首阔步。颈项的羽毛有红、蓝两色，幼鸽第二次换毛以后，呈金属色，闪闪发光。

3. 羽翼部

赛鸽的前肢进化为翼，是飞翔和攻防的工具。翼的前缘厚，后缘薄，构成一个曲面而产生升力，有利于飞翔（图 1-5）。

（1）主翼羽。又称“初列拨风羽”或“初级飞羽”。是指羽翼外侧的10根长羽。第1~10羽的排列是从内侧算起的，第8~10羽这3根羽，俗称“将军羽”，它们在赛鸽飞行中起最主要的作用（图1–6）。

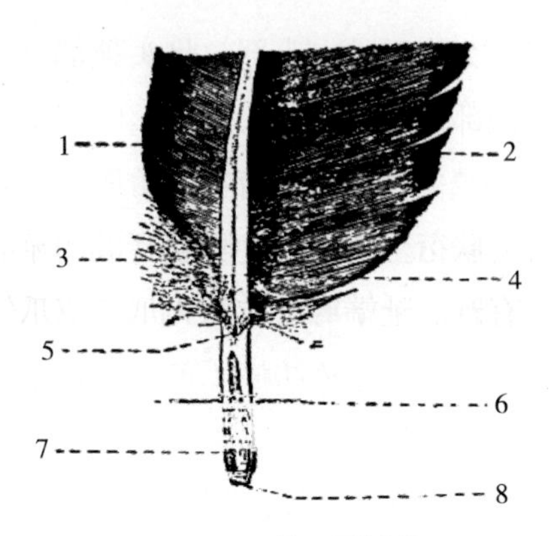

图1–5 鸽正羽结构

1. 羽茎 2. 外翮 3. 内翮 4. 羽轴 5. 翮 6. 翮孔 7. 翮心 8. 绒毛

（2）副翼羽。又称“次列拨风羽”或“次级飞羽”。位于主翼羽的里面，共有13根，从中央算起为第1羽。它的作用仅次于主翼羽。赛鸽飞行靠主翼羽鼓风前进，副翼羽支持鸽体，具有调节鸽体升降的作用。

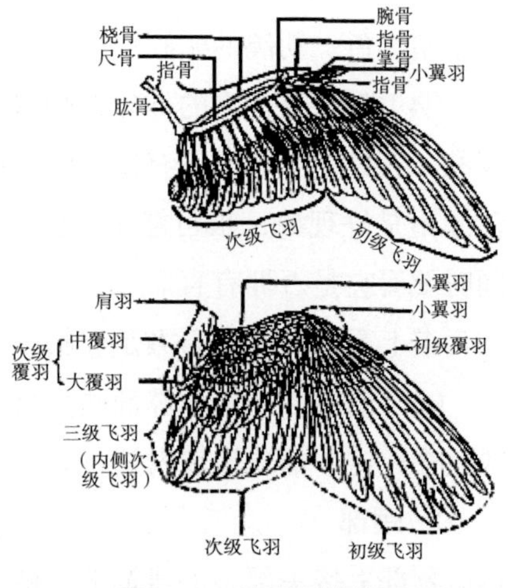

图1–6 鸽羽翼结构图

（3）覆羽。又称“雨篷”。分为初列覆羽、大覆羽、中覆羽和小覆羽4种，它的作用是遮盖翼羽以防雨淋。初列覆羽遮住主翼羽，大覆羽盖住副翼羽，而中覆羽又盖着大覆羽。

（4）小翼羽。在主翼羽上面，外侧排成竖行的几根长羽，它可以缓和飞行速度，或下降时使用。

4. 尾部

赛鸽的尾部由13根尾羽组成。它的作用，主要是赛鸽在飞翔时转换方向，在升降时平衡鸽体。尾部要求短而束成“工”字形。

5. 腿部

赛鸽的腿部由胫、趾、爪组成，是行走的工具。胫上有鳞片，为皮肤衍生物。鳞片随着赛鸽的年龄增长而逐渐角质化。胫的下部生有趾。趾端的角质物为爪。鸽爪锐利而略弯。

6. 皮肤

赛鸽的皮肤附着于肌肉和骨骼的表面，皮肤的外面有表皮所衍生的角质物，如羽毛、角质喙、鳞层和爪等。赛鸽的皮肤由表皮、真皮和皮下组织组成，较其他家鸽的皮肤薄而嫩。

皮肤的功能，在于防止外界有害物质侵入和直接刺激机体，起到保护深层组织和器官的作用。同时，还有感觉、分泌、贮存养料和调节体温的功能。

赛鸽的正常体温是40.5~42.7℃，平均体温41.8℃。当外界气温很低时，赛鸽依靠紧密的贴身羽毛保护体温；当外界气温很高时，由于没有汗腺，只能张口喘气，或张开两翅通过皮肤蒸发等途径来散发热量。

二、赛鸽的生理与解剖结构

1. 运动系统

赛鸽的运动系统由骨骼和肌肉组成。

（1）骨骼。赛鸽的大部分骨骼含有空气，轻而坚固，起着保护内脏器官的作用。赛鸽骨骼分为两大部分：轴骨骼和附肢骨骼。轴骨骼由头骨、脊柱（椎骨）、肋骨和胸骨组成。附肢骨骼由翼骨骼和后肢骨组成（图1–7）。

（2）肌肉。赛鸽的肌肉组织分为横纹肌、平滑肌和心肌3大类。横纹肌是附在骨骼上的肌肉；平滑肌与其他组织相结合形成除心脏以外的各种内脏器官；构成心脏的肌肉称为心肌。这些肌肉的

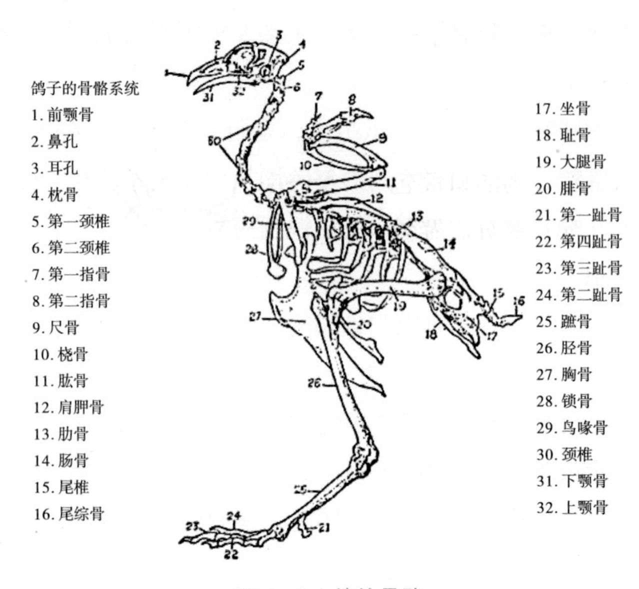

图 1–7　鸽的骨骼

收缩和舒张是赛鸽完成各种动作的基础。赛鸽的胸肌最发达，其胸大肌在龙骨和龙骨突的两侧，是鸽体中最大块的肌肉，它一端附着在龙骨上，另一端通过较细的肌腱与肱骨相连，支配翼的扇动；胸小肌在胸大肌与龙骨之间，具有上举双翼的作用，第三胸肌，由乌喙骨下方约 2/3 处和龙骨前部的腱演变而来，附着于肱骨突起的小肌肉，有辅助胸大肌和帮助收翼的作用。

2. 消化系统

由口腔、食管、嗉囊、胃、小肠、大肠、肝脏、胰脏和泄殖腔 9 部分组成（图 1–8）。

赛鸽没有胆囊。赛鸽的消化系统具有摄取、运送和消化食物、吸收和转化营养以及排泄废物的作用。它受神经系统的调节，与内分泌系统的活动也有密切关系。赛鸽的消化机能是否正常，对它的生长发育、比赛竞翔和健康有着重大影响。赛鸽的许多疾病都可在消化道出现病变。因此，了解消化道各部分的组成及功能是非常重要的。

（1）口腔。鸽的口腔包括喙、舌、咽 3 部分。赛鸽的口腔和咽喉直通，没有明显的界线，喙为骨的延长部分，分上下喙，呈圆锥形，组织坚硬，边缘光滑，适合啄食颗粒饲料。喙的颜色与品种、年龄和羽色有关；舌细长，舌尖角质化，舌上有味觉乳头，对食物有一定的选择性，平时贴于下颌内侧，可后移翻转；鸽用喙摄取食物后，依靠舌的后移和翻转将食物送入咽部，再通过会厌软骨的后翻将食物送入食管。

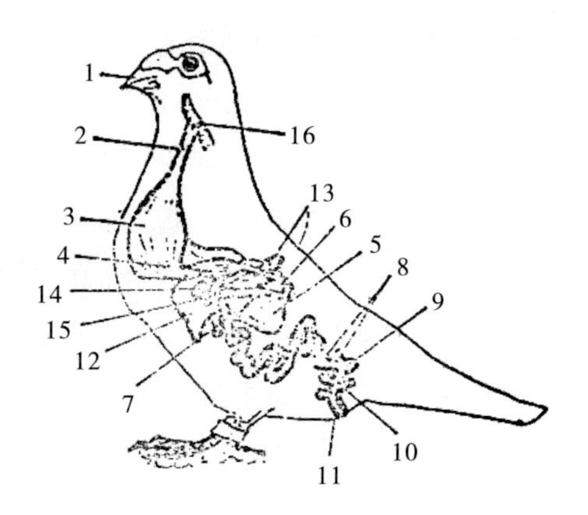

图 1–8　鸽的消化系统

1. 口腔 2. 食管 3. 嗉囊 4. 腺胃 5. 砂囊
6. 小肠（十二指肠、空肠、回肠）7. 小肠 8. 肠管
9. 大肠（盲肠、结肠、直肠）10. 总排泄腔
11. 肛门 12. 肝脏 13. 脾脏（胰腺）14. 胆核
15. 输胆管 16. 气管

另外，赛鸽的口腔周围还分布有一些分泌唾液的腺体，唾液对帮助食物消化的作用不大，仅起湿润食物、便于吞咽的作用。

（2）食管。食管借助平滑肌的收缩蠕动，将食物下移运送到底部的嗉囊中。食管是一肌性管道，没有消化功能，仅为食物的通道，长约 9 厘米。

（3）嗉囊。指食管底端的膨大部分，位于颈根部胸前皮下。这一位置使赛鸽饱食后身体重心在两翼之下，而适于飞翔。嗉囊分两个侧囊，其作用是储存、软化、发酵饲料。嗉囊壁薄而富有弹性，外层膜紧贴在胸肌前方和皮肤之下，内层膜与食物接触。成年鸽的嗉囊中还含有嗉囊腺，具有分泌嗉囊乳的作用。孵蛋期间，在催乳素的作用下，大约孵到第 8 天，嗉囊上皮开始增厚，第 13 天厚度、宽度增加 1 倍，第 14 天开始分泌微黄色的鸽乳，第 18 天嗉囊便可分泌大量的嗉囊乳。嗉囊乳为充满脂肪细胞组成的乳黄色或乳白色的黏稠液体，含有丰富的蛋白质、脂肪和矿物质，含有微量的维生素 A、维生素 C、淀粉酶、蔗糖酶和激素，抗体及其他未知因子，基本上不含碳水化合物、乳糖和酪蛋白。随着哺乳期的延长（即幼鸽年龄的增长），嗉囊乳由黄变白、由稠变稀，泌乳量及其营养成分逐渐减少，在出雏后的 10～15 天嗉囊乳的分泌就停止了。

嗉囊还是公鸽求偶时的信息器官，常将嗉囊鼓起发出咕咕的叫声。可见，嗉囊对成年鸽自身的生存作用并不重要，但对繁衍后代及幼鸽的生存却是必不可少的。

（4）胃包括腺胃和肌胃两部分。

① 腺胃。呈纺锤形，又叫前胃。前端连接嗉囊，后端与肌胃相接。腺胃的容积很小，胃壁上分布有许多腺细胞，可分泌盐酸、胃蛋白酶和黏液，黏液对胃黏膜（内膜）有保护作用。分泌的盐酸可创造一个酸性环境，有利于胃蛋白酶对饲料蛋白质的酶解。食物在此停留的时间极短，很快到达肌胃。

② 肌胃。又叫砂囊。前接腺胃，后连小肠，有较厚的肌肉层，内含沙砾。肌胃的收缩力很强，借助沙砾研磨揉搓将饲料磨碎成食糜。

（5）小肠。赛鸽的小肠平均长为 95 厘米，由十二指肠、空肠和回肠 3 段组成，是饲料消化吸收的主要场所。

① 十二指肠。前端与肌胃连接，尾部直连空肠。在十二指肠的背部侧壁附着胰腺。胰腺与消化的关系十分密切，食糜进入十二指肠后，胰腺的活动即开始加强，大量分泌胰液。胰液中含有胰蛋白酶、胰脂肪酶、胰淀粉酶等多种酶类。胰液通过胰腺导管流入小

肠。另外，肝脏生成的胆汁也经胆管（鸽无胆囊）进入十二指肠，与胰液一起参与饲料养分的分解和吸收。

② 空肠。小肠的中间一段，前接十二指肠，后连回肠，空肠经常处于无食糜的状态，故此得名。空肠的主要功能是通过蠕动，将食糜推向回肠。

③ 回肠。鸽的回肠短而较直，前与空肠相通，后接大肠，并借助系膜与两根盲肠连接。

小肠壁由 2 层平滑肌和 1 层肠黏膜构成，黏膜中分布有许多腺体，这些腺体也分泌肠液。肠液中除有肠激酶，能将胰蛋白酶原激活成胰蛋白酶外，还含有肠肽酶、肠脂肪酶、蔗糖酶、麦芽糖酶、乳糖酶及分解核蛋白质的核酸酶、核苷酸和核苷酶。其中，一些酶可将肽类分解成氨基酸，脂肪酶则将脂肪分解成甘油和脂肪酸，蔗糖酶、麦芽糖酶、乳糖酶分别将多糖和双糖分解成单糖。食糜中的养分经过以上多种酶的分解后，变成一些简单的物质，在小肠被吸收。小肠平滑肌具有很强的伸展和收缩的特性，内层黏膜形成许多“Z”形皱褶和绒毛，这就大大增加了食糜与肠壁的接触面积，食糜通过的距离也相对延长，这对增加消化吸收时间、提高小肠的消化吸收能力十分有利。

小肠平滑肌具备自律性运动和食物进入小肠后明显增强的蠕动、钟摆运动以及分节运动。通过这些蠕（运）动一方面将食糜与消化液充分混合，增强消化；另一方面又将食糜不断地推向大肠。

（6）大肠。前后分别连接回肠与泄殖腔。大肠包括直肠和盲肠两段，鸽的大肠已严重退化，其直肠仅长 3~5 厘米，具有吸收水分和盐分的作用；盲肠位于回肠和直肠分界处，也退化为短柄状的两个小突起，有入口而无出口，只有吸收水分的作用。直肠的退化导致赛鸽不能贮存粪便，有粪即排，这也有利于减轻飞行体重。像其他的鸽类一样，鸽的大肠内也生存着一些有益的微生物，它们可以利用肠道内容物合成B族维生素。但数量甚少，且几乎不被赛鸽吸收利用。这也特别是“死棚”鸽易出现B族维生素缺乏症的原因。

（7）泄殖腔。它是排泄和生殖的共同腔口，由直肠末端衍变而成，属消化系统中的最后器官，具短暂储粪和排粪的作用。泄殖腔背侧为法氏囊。幼鸽法氏囊比泄殖腔大，以后随着年龄的增加而逐渐退化。

（8）肝脏及胰脏。赛鸽肝脏较大，约重25克，分为左右两叶，右叶大于左叶。肝脏无胆囊，肝脏分泌的胆汁直接由肝胆管输入十二指肠。胰脏分泌的胰液通过导管也直接进入十二指肠。

3. 呼吸系统

赛鸽的呼吸器官由鼻腔、声门、气管、肺、气囊和共鸣腔组成。它具有吸入新鲜空气，呼出二氧化碳以及散发体热的功能。在赛鸽的飞翔活动中起着重要的作用（图1–9）。

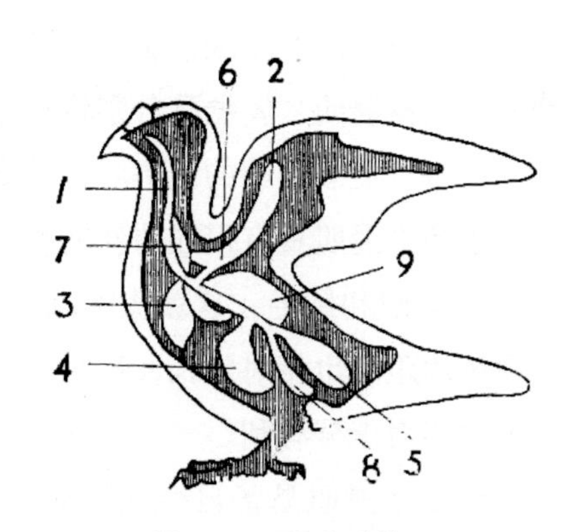

图1–9　呼吸系统

1. 气管 2. 锁骨间气囊 3. 前胸气囊 4. 胸骨间气囊 5. 腹气囊 6. 腋下气囊 7. 颈气囊 8. 胸腔间气囊 9. 肺

（1）鼻腔。空气是从外鼻孔吸入的。外鼻孔是1对位于上喙蜡膜下的纵向裂缝。鼻腔是感受嗅觉的部位，呼吸由鼻孔吸入空气，经软腭及气管，再经过支气管，到达肺部。鼻腔的黏膜富有血管，并有腺体，当空气进入鼻腔时，可使空气温暖，湿润，并过滤粉尘，减少其对肺部的刺激，在眼眶中有一对鼻腺，它的排泄管开口于鼻中道，分泌出水样液，有保持水分平衡的功能。

（2）声门。声门位于咽腔内，开口时是圆形的，打开鸽口腔就可看到。当强行扳开鸽口腔喂食或喂药时，应特别细心。因为只有空气才能进入声门，任何食品、水或者其他异物进入都是有害的。鸽的声门不同于高级脊椎动物的声门，它不起发音气管的作用。

（3）气管。气管是圆形管道，管壁内有许多软骨环加固，气管长度为 9~12 厘米，气管分左右支气管沿颈部腹侧进入胸腔后，在心脏上端分别进入左右肺进行呼吸循环。气体交换由完整的气管网（由中支气管分出四种次级支气管，由细小的毛细支气管彼此连接，在毛细支气管壁与毛细血管间进行气体交换）完成。

（4）肺。赛鸽的肺呈粉红色，上连支气管，并有开口通向各气囊。肺有许多小腔，呈海绵状，接触空气的面积大大增加。肺的背壁紧贴于背部的肋骨之间，腹面贴近横膈膜，表面盖有一层肺胸膜。

（5）气囊。赛鸽的气囊是肺的衍生物，有特别发达的功能。气囊由极薄的壁构成，壁内血管贫乏。赛鸽有 9 个气囊，其中锁骨间气囊为单个，颈、前胸、后胸、腹部气囊均为左右成对。气囊的容积远远大于肺，气体进入肺部后，能充入各气囊中。气囊分布在体腔内各器官间、皮肤下和一些骨的空腔里。空气充满气囊时可减轻鸽体比重，利于飞行。气囊可储存大量空气，因而可用于飞行时调节体温。平时赛鸽靠胸腔的扩张和缩小进行换气呼吸，但飞行时由于胸骨和肋骨固定不动，靠双翼上抬和下扑，带动气囊扩大和缩小，使气囊里的空气出入，经过肺和外界交换，带动呼吸。

（6）共鸣腔。在两条支气管的分支处，有一个共鸣腔，这一器官只有鸟类才有。雄鸽比雌鸽发达。在共鸣腔的上部中间有半月形的膜，声音就是在空气通过绷紧的膜，引起膜的振动而产生的。由于共鸣腔壁厚薄的差异，不同品系的赛鸽发出的声调也不同。

4. 循环系统

赛鸽是热血的恒温动物，平均体温约 41.8 ℃。循环系统由血液循环器官（心脏和血管）、血液和造血器官和淋巴器官组成。其主要功能是把从消化系统吸收来的营养输送给全身的组织器官，输送氧气，把产生的二氧化碳输送到肺部排出体外，把体内产生的体液废物输送到排泄系统排出。同时还进行热的代谢，产生血液和抗体等（图 1–10）。

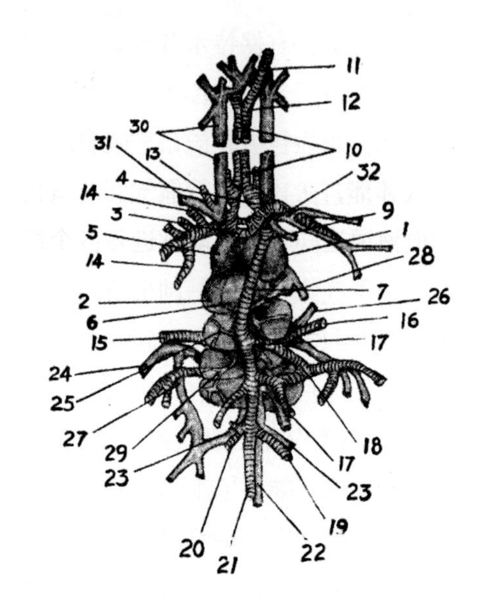

图 1–10　鸽循环系统

1. 右心耳 2. 右心室 3. 左肺动脉 4. 右肺动脉 5. 左心耳 6. 右心室 7. 大动脉 8. 左无名动脉 9. 右无名动脉 10. 总颈动脉 11. 外颈动脉 12. 内颈动脉 13. 锁下动脉 14. 右胸动脉 15. 背大动脉 16. 右股动脉 17. 肾动脉 18. 右座骨动脉 19. 骼动脉 20. 后肠系膜动脉 21. 尾动脉 22. 肾动脉 23. 肾门动脉 24. 股静脉 25. 骼静脉 26. 后大静脉 27. 肠系膜静脉 28. 肠上静脉 29. 肾静脉 30. 左颈静脉 31. 左锁下静脉 32. 左前大静脉

（1）心脏。心脏位于胸腔的后下方，由心肌组成。心脏内有 4 个腔，分别称为左右心房和左右心室。同侧的房室相通。心脏内有瓣膜，在心脏搏动时能防止血液倒流。心脏外面包裹着一个薄的浆膜囊，称为心包。心包内含有少量心包液，心包液有减少摩擦的作用。心脏上部有一周围环绕的沟，称为冠状沟，沟内通常有一圈脂肪，称为心冠脂肪。心脏的搏动具有节律性，是血液循环的动力。鸽的心跳频率每分钟 140~400 次，平均约每分钟 224 次，成年赛鸽的血压在 14 000~18 000 帕，它的血液循环为动静脉血液完全分开的双循环，即体循环与肺循环。

（2）血管。是输送含养料、氧气的血液及进行物质交换的运输器官，由无数口径粗细不一和管壁厚薄不同的形状连成一个密闭式管道系统，它包含动静脉和毛细血管。肺动脉引导血流（静脉血）进入肺部，在肺部进行氧气和二氧化碳气体的交换，含有丰富氧气的血液通过心脏、主动脉进入各个组织器官，向这些组织器官供应含有营养成分和氧气的动脉血，并带走它们分解代谢的产物进入静脉，再由静脉进入心脏，转入肺部。

（3）血液。呈红色，由血细胞和血浆组成，血细胞包含红细胞、白细胞和血小板，红细胞内含血红蛋白，故血液呈鲜红色。血浆占全血量60%左右（其中含水90%），内容物为糖、纤维蛋白、球蛋白、白蛋白、脂肪等代谢物质，其功能不仅输送养料、氧气和排泄物，它还能调节体温、含水量、酸碱平衡、渗透压和各种离子的浓度，维持机体内环境的平衡，此外，还有吞噬外来异物、产生抗体和促进凝血的作用。

（4）造血器官。造血器官主要是来自红骨髓和脾脏。红骨髓位于骨髓腔和骨松质内，其中的网状组织具有造血机能，能产生红细胞、血小板和粒白细胞。赛鸽年龄增大时，骨髓腔内的红骨髓逐渐被气室所代替。脾脏呈扁形，褐红色，位于胃的右侧，产生淋巴细胞和单核细胞，并有滤血、贮血的作用。

（5）淋巴器官。赛鸽的淋巴组织除形成淋巴器官外，它广泛分布在机体各部分。淋巴循环有辅助静脉将血管外多余的液体返回血液中，兼有运输营养物质和废物的作用。另有造血功能，起局部免疫作用，能形成抗体对异体抗原作出反应机能，并能使机体维持正常的免疫力。

5. 生殖系统

公鸽和母鸽的生殖系统介绍如下。

（1）公鸽的生殖系统。由睾丸、输精管、贮精囊组成。睾丸有1对，呈卵圆形，位于腹腔内肾脏腹面的前缘左右两边。生殖时期膨大，而且左边比右边大。睾丸内有大量曲精细管，是产生精子的地方，曲精细管之间有间质细胞，能产生雄性激素，促进种公鸽发育和增强生殖能力。输精管是1对弯曲的细管，输精管沿输精管的外侧进入泄殖腔前，形成膨大的贮精囊，末端形成一小突起状的射精管，开口于泄殖腔。雄鸽没有明显的交配器官（阴茎），但其肛门唇，尤其是上唇较雌鸽更为突出些。部分鸽友饲喂的种鸽年龄较大时，肛门周围的毛特别厚而多时，这羽种鸽通常会出现不受精的现象，剪去肛门周围的羽毛后，即可受精（图1-11）。

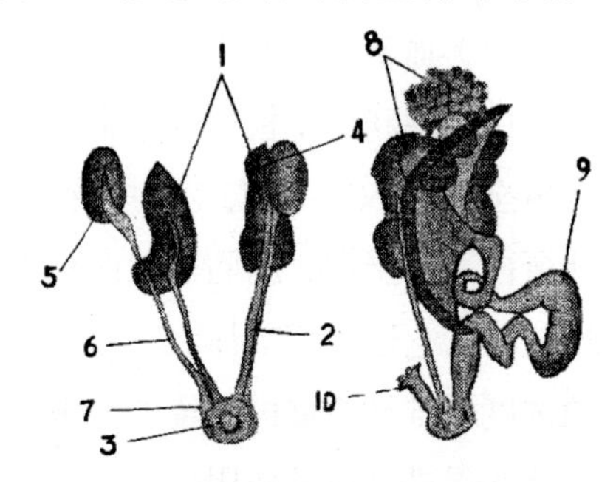

图 1-11　赛鸽的生殖系统

左：雄鸽 右：雌鸽

1. 肾脏 2. 输尿管 3. 泄殖腔（肛门）4. 肾上腺
5. 睾丸 6. 输精管 7. 贮精囊 8. 卵巢 9. 输卵管
10. 右输卵管的遗迹

（2）雌鸽的生殖系统。由卵巢和输卵管两部分组成。初生雌鸽一般具有左右两个卵巢。成年鸽的右侧卵巢已退化，只剩下左侧的卵巢。卵巢是雌鸽产生卵细胞和雌性激素的地方。左卵巢是由系膜褶和系膜将其与左肾前叶连接在一起。卵泡密布在卵巢表面，在那里很容易看到各种大小不同的卵。输卵管是长而弯曲的厚壁管道。前端以喇叭状薄膜开口，对着卵巢，后端开口于泄殖腔。输卵管可分为喇叭口（漏斗部）、蛋白分泌部、峡部、子宫和阴道5个部分。输卵管是卵子通过、受精和形成鸽蛋的地方。1个成熟的卵泡从卵泡膜中脱落到鸽蛋排出体外，需要30~36小时（图1-11）。

6. 神经系统

赛鸽的神经系统是由脑、脊髓和它们发出的神经形成中枢神经系统、周围神经系统、交感神经系统和感觉神经系统（听觉、视觉、嗅觉等）。脑是赛鸽复杂行为的支配中枢，它位于颅腔内。分大脑、中脑和小脑三部分。大脑主宰赛鸽的一切行为，发达的大脑是绝大多数感受源的转换站，具有调节体温、适应多变的比赛环境条件、减少对环境依赖性的作用；赛鸽的飞行活动与小脑有关，脊髓则是一些简单反射活动的中枢（图 1–12）。

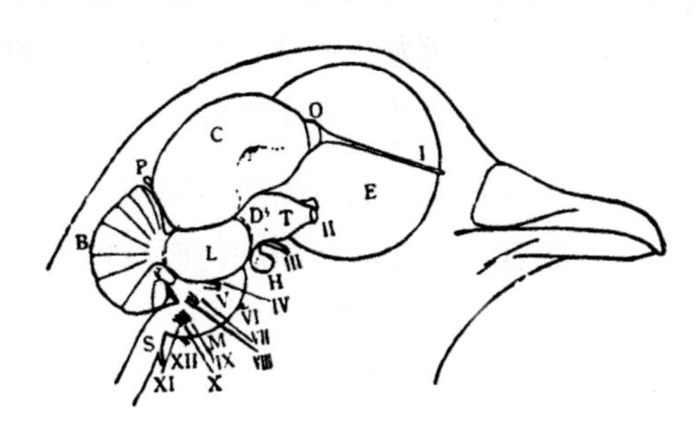

图 1–12　赛鸽的神经系统

A. 颅腔 B. 小脑 C. 大脑 D. 中脑 E. 眼 H. 垂体 L. 视叶 M. 延髓 O. 嗅叶 P. 松果体 S. 脊髓 T. 视通道 I. 嗅神经 Ⅱ. 视神经 Ⅲ. 动眼神经（至眼肌）Ⅳ. 滑车神经（至眼肌）V. 三叉神经 Ⅵ. 外展神经（至眼外直肌）Ⅶ. 面神经 Ⅷ. 听神经 Ⅸ. 舌咽神经 Ⅹ. 迷走神经 Ⅺ. 副神经 Ⅻ. 舌下神经

7. 泌尿系统

又称排泄系统，主要功能是排泄体内产生的大量的代谢产物如尿酸、盐类和有毒物质等。由肾脏、输尿管和泄殖腔组成。

（1）肾脏。赛鸽有两个肾脏，左右各一个。肾脏长而扁平呈暗褐色，位于脊柱的两侧，由前、中、后三叶构成。肾脏由大量的肾小体构成，肾小体则由肾小球和肾小管组成。肾脏的排泄物是尿液，性状如同果酱一样黏稠，呈白色或灰白色，成分主要是尿酸和盐类。

（2）输尿管。是从肾脏伸出来的 1 对白色长管道，并在泄殖腔开口。肾脏通过输尿管把分泌出来的排泄物输送到泄殖腔，然后随粪便排出。

（3）泄殖腔。是赛鸽排泄粪便（尿液）的通道及生殖道共同开口的地方。作用是排泄粪便、交配和产蛋。赛鸽没有膀胱，但在胚胎时期是有膀胱的，可能是由于赛鸽飞行行为的影响而使膀胱退化之故。

8. 内分泌系统

赛鸽内分泌系统的主要腺体有脑垂体、甲状腺、甲状旁腺、肾上腺、性腺等。它们分泌相应的激素直接进入血液，对赛鸽机体的生长、发育、生殖以及新陈代谢发挥重要的调节作用。

第三节　赛鸽正常生理指标参数

很多人养了一辈子的鸽子，对赛鸽的习性依然不甚了解，更多的鸽友是知其然不知其所以然，几乎所有的赛鸽赢家，都是建立在“懂鸽子”的基础上，因此，科学掌握赛鸽的生理特征性参数，对我们更好地饲养、管理赛鸽，具有非常重要的帮助，以下参数均是国际和国内动物专家长期总结出的，供广大鸽友参考（表 1–1 至表 1–4）。

（1）成年赛鸽的平均体重是 700 克（不同年龄、性别和血统的鸽子不同）。

（2）赛鸽每天平均喝 45 毫升的水（20～60 毫升），育种期加倍。

（3）赛鸽全身血液量平均为 32 毫升。

（4）赛鸽的脉搏，每分钟跳动 140～400 次。

（5）赛鸽的平均体温为 41.8～42.5℃。

（6）我们知道，哺乳动物口腔内产生的唾液能帮助食物的消化，而赛鸽口腔的唾液腺非常发达，能分泌大量的唾液，但食物在口中通过的速度很快，因而在口腔中几乎不发生任何消化作用。

（7）鸽是远视眼，左右视轴之间的角度约为 145°，视野 300°，属于双边视力，因此赛鸽所感受到的都是平面图像。

（8）鸽子和其他鸟类一样，在位于眼睛后方视神经的顶部，有一个黄豆大小的腺体，成为“哈德氏腺”，它能加强视神经清晰度，并且与地面磁场产生强烈的定向感。

（9）鸽子具有双重呼吸特征，当吸气时，吸入的新鲜空气大部分经过缩着的肺进入后气囊，少部分进入副支气管和细支气管，直接与血液进行气体交换；同时前部气囊扩张，接受来自肺的空气（上次呼吸时吸入的）。呼气时，后部气囊的空气流入肺内，达到呼吸毛细管进行气体交换；前部气囊的空气进入支气管排出体外。这种一次吸入气体经两个呼吸周期排出体外的现象称为“双重呼吸”。

（10）赛鸽除了用肺和气囊进行新陈代谢的功能外，它还可以通过肾脏进行血液循环。这种“双重呼吸”和“双重循环”的特点，使赛鸽耗氧量达到最低，它的循环系统使机体能迅速调整体表温度，以适应外界环境，使它具有抗严寒、耐高温的能力，为竞翔创造最佳条件。

（11）鸽为什么生病时出现竖毛现象？因为在真皮层内有竖毛肌，位于毛囊的根部，在赛鸽生病时，迷走神经因兴奋，病鸽就表现为炸毛畏缩的现象。

耐力型赛鸽的左右心室体积会增大，暴发型赛鸽左心室会显著增大，但右心室没有明显变化。

（12）鸽肝脏分泌的胆汁中含有胆盐和胆酸，此外，鸽没有胆囊。

（13）雄鸽有2枚睾丸，雌鸽只有一个卵巢。雄鸽的两侧睾丸，左侧的大于右侧的。

（14）鸽的细胞常染色体有40对，性染色体1对，其性染色体还伴随着羽色基因，雄鸽2条，雌鸽1条，因此子代性别是由雌鸽（卵、蛋）所决定的。双雄和双雌现象的决定权也在雌鸽。

（15）成年鸽配对成功后，经过多次交尾（交配），7～10天即可产卵（图1-1、图1-2），每次产卵2枚，由公母鸽轮流孵化，孵化17～18天幼鸽即破壳而出。幼鸽出壳之初，全身裸露，或只有很少绒毛，缺乏体温调节能力，眼不能睁，腿不能站，不能自行觅食和啄料，必须在种鸽的抱孵和哺育下才能生存。

（16）鸽乳根本不是乳，是嗉囊表皮细胞构成，含有脂肪和其他营养素，是嗉囊内膜上一些特别部位的表面剥落下来的皮屑和水分的混合物。

（17）赛鸽的脚爪跟爬行动物（两栖动物）相类似，因为鸽子跟所有鸟类一样，都是恐龙演化而来的后代。

（18）鸽子的一根主羽被扯下来时，所遭受的痛苦高于它的皮肤被割伤。

（19）朝鸽子的一个眼睛照射光线，光线也会从另一个眼睛投射出来，因为鸽子的两眼之间只隔着一片很薄的骨膜。

（20）鸽子飞行中不是靠眼睛而是靠脑部的哈德氏腺与地面磁场的感应。曾经有人实验让鸽子暂时失明，用黑色板子遮住受测试鸽子的眼睛，它们依然可以从130千米的地方飞回家，这表示，鸽子似乎只有在飞返入棚时，才会用到视觉。

（21）鸽子眼睛虹彩是其视网神经发达程度的表现。

（22）鸽子的眼睫毛其实是细小的羽毛。

（23）赛鸽具有独特的“气骨”现象，鸽子的肺部连接着鸽骨腔，这些骨骼包括翼骨、腿骨、肩骨、脊骨和胸骨。如果赛鸽的翅膀折断，而且翼骨刺穿了皮肤，即使用胶带把嘴巴和鼻子封死，它依然可以呼吸。

（24）鸽子吸气时，器官顶端就会往上移，而且几乎吸住嘴巴上方的窄缝（鼻孔后）。

（25）赛鸽不同于其他家鸽，雌鸽性成熟后并不会立即产卵，必须雌雄配对，经过多次交配才会产卵。一般情况下，交配后7~10天雌鸽才会产卵，产卵前3天雌鸽开始趴窝，暖窝，准备产卵。通常情况下雌鸽在第一天产下第一枚蛋，此时雌鸽呈半蹲状，用胸部护住蛋，隔一天再产下第二枚蛋后才开始孵化。

（26）赛鸽没有胆囊。赛鸽的消化系统具有摄取、运送和消化食物、吸收和转化营养以及排泄废物的作用。它受神经系统的调节，与内分泌系统的活动也有密切关系。

（27）成年鸽一般每年6月下旬开始换羽，经过3个月的换羽期，到9月底基本换成。即所谓“七零、八落、九齐、十美”。

表 1–1　鸽的正常生理常识

体重		450~500克
孵化期		17~18天
血量	每100克体重	8~12毫升
饮水量	秋冬季 平均每只每天 春季 夏天及哺乳期	20~30毫升 30~40毫升 50~60毫升
食料量	为体重的1/10（每天）	20~100克

表 1–2　鸽的正常生理指标

鸽的性别	体温（℃）	心跳（次/分钟）	呼吸（次/分钟）	红细胞（万/毫升^3）	白细胞（万/毫升^3）	血液量（毫升/100克体重）	血红蛋（克/100毫升）
雌鸽	40.5	120	30~40	3.23	13.05	8	15.97
雄鸽	42.5	180	50~60	3.10	18.55	12	4.72

表 1–3　健康赛鸽生理常数范围

项目	正常范围
体温 /℃	40.5~42.0
心跳次数（次 / 分）	140~240
呼吸次数（次 / 分）	30~40
每百克体重血量 / 毫升	8
红细胞总数（万 / 毫米^3）	320
血红蛋白浓度（克 /100 毫升）	12.8
白细胞总数（千 / 毫米^3）	1.4~3.4
白细胞分类计数 /%	—
嗜中性粒细胞	26~41
嗜酸性粒细胞	1.5~6.8
嗜碱性粒细胞	2~10.5
大淋巴细胞	0~32.1
小淋巴细胞	27~58
大单核球	3.0
凝血时间 / 秒	20~30

表 1–4　500 克体重鸽每天维生素和氨基酸需要量

维生素 A	200 国际单位	泛酸	0.36 毫克
维生素 D_3	45 国际单位	叶酸	0.014 毫克
维生素 E	1.0 毫克	蛋氨酸	0.09 毫克
维生素 C	0.7 毫克	赖氨酸	0.18 毫克
维生素 B_1	0.1 毫克	缬氨酸	0.06 毫克

续表

维生素 B_2	1.2 毫克	亮氨酸	0.09 毫克
维生素 B_6	0.12 毫克	异亮氨酸	0.055 毫克
维生素 B_{12}	0.24 毫克	苯丙氨酸	0.09 毫克
尼克酰胺	1.2 毫克	色氨酸	0.02 毫克
生物素	0.002 毫克	—	—

第四节　赛鸽生物学特性

赛鸽的行为特征

赛鸽的行为习性是由于外界环境的长期影响而逐步形成的。它有不同于家鸽的独特的生活习性。

1. 恋巢性

不管什么血统的赛鸽都十分留恋自己的巢窝，在迁居新舍后要很长时间才能真正安心定居下来。根据赛鸽的这一特性，不要随便迁巢窝和鸽舍，这对种鸽育种是有影响的，特别是孵蛋和喂哺幼鸽的种鸽，更换巢后种鸽会遗弃鸽蛋和幼鸽造成不可挽回的损失。

2. 合群性

赛鸽的合群性表现在许多方面。如群居、群飞、成群觅食、成群进行活动等，赛鸽的合群性表现四季如此，终年群居。

3. 适应性

地球上除了南北极不见鸽的踪迹外，只要有人类和动物能生存的地方都有赛鸽活动。根据观察，赛鸽能在 ±40℃的气候条件下生活，能抗击酷暑和严寒，能经受风霜雨雪。鸽对饲喂环境的适应性很强，在逆态环境中也能求生存，具有非凡的适应能力。

赛鸽具有高度辨别方向、归巢的能力和高空飞翔的持久力等重要生物学特性。赛鸽还具有喜干燥、怕潮湿、怕污浊、喜清洁、喜安静、怕惊扰等生物学特性。在赛鸽饲喂中要择其所好，顺其所性，废其所恶。

4. 嗜盐性

赛鸽不能缺食盐，特别是育种期时，赛鸽千方百计找盐吃，甚至可以把含有盐分的木屑和泥土砂都吃下去，所以，必须在鸽舍放置足量的保健砂，满足鸽的营养需要与食性需要。

5. 繁殖特性

雌雄鸽在挑对象时，其选择性很强，不是雌雄鸽在见面后就能相爱，必须满足双方选择条件，彼此都感到满意后才能结合。只要一方不中意，配对就不能成功，如果强制配对，则会发生啄斗造成生产上的严重损失。所以，配对必须在雌雄双方交配最强盛期进行，或采用配对笼进行。

赛鸽繁殖和生活中的最大特点是一夫一妻制，雌雄双方共同负担养育后代的责任。

赛鸽与其他鸽类不同，性成熟并不是具备繁殖能力的标志，而必须经雌雄配对后，才能真正具备繁殖能力，配对成偶的赛鸽，绝大多数不发生配偶外性行为。对性成熟后又没有配对的赛鸽，应公母分群饲喂。

6. 产蛋、孵化、哺育特性

（1）产蛋。种鸽产蛋行为是雌雄鸽都要付出辛勤的劳动。种鸽从踩蛋到产蛋的时间，由于鸽龄不同，早晚各异，一般老配对种鸽在5~7天，新配对的青年鸽一般在9~15天（早配的时间更长）才能产蛋。

正常情况下雌鸽产蛋2枚。蛋白色，呈椭圆形，长2~3厘米。有经验的老鸽产第一枚蛋后，总是半蹲半卧的护着蛋，当隔天产下第二枚蛋后，才开始孵化。

（2）孵蛋。种鸽孵蛋主要表现为雌雄鸽轮流孵蛋，雄鸽在白天孵（早9~10时至16~17时），其余时间全是雌鸽孵。在孵化的过程中，种鸽不断地用嘴翻动蛋，这是为了保证蛋受温均匀。

种鸽在孵化行为中还会出现惊蛋现象，就是一旦孵蛋的安静或安全环境被破坏，种鸽便会弃蛋而不孵，使孵蛋失败。

为此，在打扫卫生和检查窝巢时要安静小心，切勿粗暴以惊扰了孵蛋环境。早期鸽蛋的胚胎呈圆盘状，位于卵黄的中央，产出后由于温度下降，即停止发育。第二枚蛋产下后两鸽开始轮流孵蛋。种鸽的体温很高，通过裸区传给鸽蛋，这就开始了它的孵化过程。17天左右胚胎已发育成幼鸽，幼鸽在里边用卵齿开始啄壳。18天左右幼鸽就破壳而出，小生命诞生。

（3）哺饲。赛鸽属于晚成鸟，出壳的幼鸽身体十分软弱，眼未睁开，体表只有初生的黄绒羽毛。5~6天才能睁开眼，20天左右长出约2厘米长的初嫩羽毛。刚出壳的幼鸽依赖种鸽呕吐“鸽乳”，雌雄种鸽共同哺喂幼鸽，鸽乳是鸽特有的从嗉囊产生分泌的一种营养的白色浆状物，雌雄鸽都有。

小鸽出壳1~3天，种鸽以很稀的浆乳喂给，4~8天以较浓的浆乳喂给，自9天开始喂给嗉囊中浸润的籽实饲料，这是种鸽嗉囊中半消化食物和消化液的混合物，种鸽呕吐时幼鸽将嘴伸入种鸽口中取食。幼鸽28日龄时种鸽停止哺喂，即会出现种鸽赶幼鸽出窝的行为，称之驱巢。此时必须把幼鸽捉离，放入独立棚或幼鸽赛棚，准备挑选送公棚参赛或家训。

7. 其他特性

（1）领域行为。赛鸽的领域行为是很强烈的，尤其是护巢的领域行为表现最突出。特别是雄鸽表现更为明显强烈，在自己的巢房周围是不允许其他鸽靠近的，一旦别的鸽靠近自己巢房四周的势力范围，配对雌雄鸽就会拼死地把对方赶走，这种势力范围如不人为加以遏制，便会越扩越大。在日常养鸽实践中，一对种鸽占领几个巢房的现象是常见的，将其关闭一段时间，限制其活动范围，过些时候就会好些。

（2）嫉妒行为。这种行为在种鸽交配时最常见，在鸽群中往往一对种鸽在交配时，其他雄鸽就会一冲而上，把正在雌鸽背上的雄鸽打下去，使交配失败，所以鸽蛋受精率不高。这种嫉妒行为在群养中常有发生，消除方法仍属难题，唯有减少饲喂密度，增大活动场所是唯一解决方法。

（3）睡眠与休息。赛鸽的睡眠与休息是在栖架上站立蹲伏。梳理羽毛也是一种积极休息方式。赛鸽的睡眠，一般在极其安静的环境中进行，多发生在深夜，采取一腿站立，一腿收缩于腹下，缩颈闭眼，隅立不动或蹲伏于栖架上，闭上眼睛。

（4）感情表达。赛鸽在高兴时会在地上快速拍动双翼，腾空起舞。在发怒时，常用拱背竖羽用喙啄或用翼拍打对方。在悲伤时常栖于一旁，厌食不动，站立不安。在惊慌时发出短促的“呜呜”叫声。在饥饿时会四处寻找食物，特别是鸽主到来时会站到食槽前等候。

（5）饮水。赛鸽饮水时将半个头部浸没在水中，试探水的清洁度。如认为符合就一气喝足，因此，使用的水槽、水瓶应有深度，并要加足水。鸽一般是采食后饮水，哺喂幼鸽的种鸽要在饮水之后才能吐出食物哺喂幼鸽，因此，对育雏期的种鸽应保持供水不断。

饮水要天天更换以保证水质清洁。

（6）其他习性。赛鸽喜静怕闹，尤其怕惊。成鸽一般不把粪便排泄在巢窝内。

赛鸽为了争巢，在群鸽中常会出现激烈地斗打。故在饲喂中应重视，要合理安排，根据鸽舍及饲喂条件，适当地控制赛鸽的饲喂量和密度。成鸽有强烈的求偶性，雄鸽性欲冲动，识别性别本领不甚高明，常有搞错现象发生。另外，鸽的听觉很灵敏，而它的嗅觉不发达，因而误食中毒的现象时有发生，饲喂时应注意。

第五节　赛鸽的雌雄鉴别

赛鸽的雌雄鉴别有相当的难度，因为它们不像家鸽（如鸡、鸭）那样，在羽毛上有明显的区别，赛鸽的雌雄没有明显的外部特征，就是一个经验丰富的养鸽行家，要他一下子识别出其他人所养赛鸽的雌雄来，也不容易。要经过握摸、观察、辨别，才能识别出雌雄。对于初学养鸽的人来讲，想准确地识别赛鸽的雌雄是很困难的。但只要平时能在养鸽实践中细心认真地观察，从赛鸽体形、羽毛、鸣叫、举动、性情等各方面去辨别，不断积累经验，久而久之，也能较准确地辨别出赛鸽的雌雄。

准确地鉴别赛鸽的性别，对选种、配种和提高孵化率等都十分必要。汇总养鸽者们多年积累的经验，赛鸽的性别鉴别有以下方法。

一、鸽蛋的鉴别

赛鸽产蛋孵化 4 天后，用灯光或日光照射可鉴别受精蛋的性别。在照蛋器照射下，胚胎两侧的血管血丝对称，呈蜘蛛网状的，是雄性胚胎；胚胎两侧的血管血丝不对称，一边丝长，一边丝极短且稀少的，为雌性胚胎。

二、幼鸽雌雄鉴别

一般来讲，雌性幼鸽的体型较小，羽毛呈金黄色，富有金属光泽，头顶先出真毛；胸骨较短，末端圆。种鸽喂食时，争喂抢食能力较差；爱静，不很活跃；鸽主伸手时表现退缩、避让、温驯。出巢时，胸、颈部真毛呈橘黄色，有毛片轮边；翅膀上最后 4 根初级飞羽末端稍圆；尾指腺尖端不开叉；肛门上缘较短，下缘覆盖上缘，与雄性幼鸽正好相反，从鸽体正后方看肛门两侧向下弯曲（表 1–5、图 1–13、图 1–14）。

表 1–5　幼鸽的雌雄鉴别

类别	雄雏鸽	雌雏鸽
体型	一般体型较大	一般体型偏小
羽色	雏毛橘黄，无金属光泽	雏毛呈金黄色，有金属光泽
长毛情况	头部脸颊先出真毛	头顶先出真毛
胸骨	较长，末端较尖	较短，末端较圆
耻骨	较窄	较宽
行为特点	争食抢喂，凶猛好斗 活泼好动，爱离巢活动 鸽主伸手时，用嘴啄击	争食能力较差 安静胆小，性格温顺 鸽主伸手时，退缩避让
羽形	翅膀最后 4 根初级飞羽末端较尖	翅膀最后 4 根初级飞羽末端稍圆
尾脂腺	尖端开叉	尖端不开叉
肛门	下缘较短，上缘覆盖下缘且两端上翘	上缘较短，下缘较长，且两端下弯

雄性幼鸽一般体型较大，羽毛枯黄，无金属光泽，头部脸颊先出现真毛，胸骨较长，末端较尖。种鸽喂食时，争喂抢食，行动活

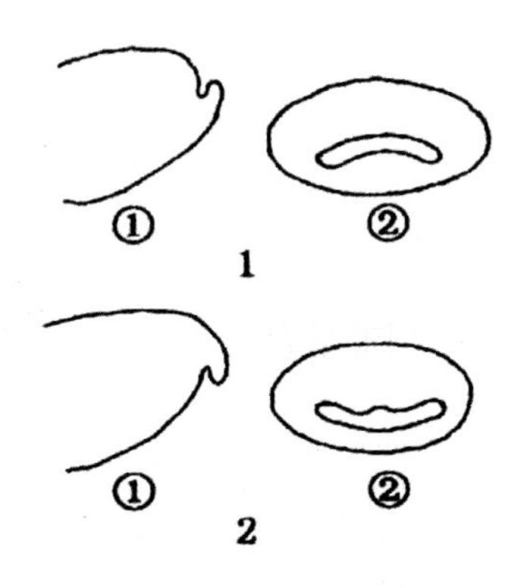

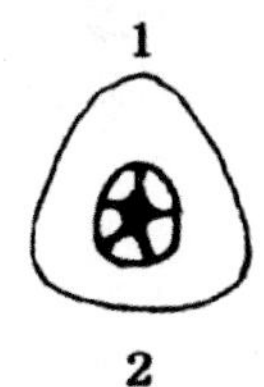

图 1-13　雏鸽肛门外观

1. 雌鸽肛门：① 侧视　② 正视
2. 雄鸽肛门：① 侧视　② 正视

图 1-14　幼鸽肛门外观

1. 雄鸽肛门：六角形
2. 雌鸽肛门：花形

泼灵敏，会走后爱离巢活动。鸽主伸手时，仰头站立，好斗，爱用嘴啄击。出巢时胸部、颈部真毛略呈金属光泽，无轮无边，翅膀上最后 4 根初级飞羽末端较尖。鸽尾的尾脂腺尖端开叉；肛门下缘较短，上缘覆盖下缘，如从正后方看肛门两侧，向上弯曲。

三、成年鸽的雌雄鉴别

成年鸽的雌雄鉴别有几种方法，分别介绍如下（表 1-6）。

表 1-6　成鸽的雌雄鉴别

类别	雄鸽	雌鸽
体型	较大，粗壮	较纤细
头	头顶较平，头圆额阔	头狭长，头顶稍尖
颈	脖子粗硬，不易扭动	颈细小柔软，容易扭动
颈羽羽色	颜色较深，羽毛粗，有光泽	颜色较浅，羽毛细而无光泽
鼻瘤	粗宽大，似杏仁型	小窄，收得紧
嘴	阔厚而粗短	较为修长
脚	长而粗，第二和第四脚趾不一样齐	短而细，第二和第四脚趾一样齐
肛门	呈山形 闭合时外凸，张开时呈六角形	呈花房形 闭合时凹，张开时呈花形

续表

类别	雄鸽	雌鸽
胸骨	长而较弯	短而稍直
腹部	窄小	宽大
耻骨	交接处狭窄	较为宽大
主翼尖端	呈圆形	呈尖状
叫声	长而洪亮，连续鸣叫，发双声“咕咕”	短而弱，不连贯，发单声
求偶表现	“咕咕”叫，颈毛张开，有时会跳舞	接受求爱时点头，被动性接吻
亲吻	张开嘴	把嘴伸进雄鸽嘴里
打斗表现	以嘴进攻	以翅膀还击

1. 体型、体态观察法

雄鸽体型较大，头顶稍平，额阔，鼻瘤大，眼环大而略松，颈粗短而较硬，气势雄壮，脚粗而有力，常追逐其他鸽。雌鸽体型结构紧凑、优美，头顶稍圆，鼻瘤稍小，眼环紧贴，头部狭长，颈软细而稍长，气质温驯，好静不好斗，脚细而短，无情期一般不与其他鸽接近。

2. 羽毛鉴别法

雄鸽颈羽粗而有金属光泽，求偶时松开呈圆圈状，尾羽散开如扇状，主翼羽尖端呈圆圈状，尾羽污秽。雌鸽颈羽纤细，较柔软，金属光泽不如雄鸽艳丽，主翼羽的羽尖及胸部羽毛尖端均呈尖状，尾羽干净。

3. 鸣叫鉴别法

雄鸽鸣叫时发出“咕咕、咕咕”的响亮声，颈羽松起，颈上气囊膨胀，背羽隆起，尾羽散开如扇形，边叫边扫尾。鸣叫时常跟着雌鸽转，昂首挺胸，并不断地上下点头。雌鸽鸣叫声小而短粗，只发出小而低沉的“咕咕”声。当雄鸽追逐鸣叫时，雌鸽微微点头。

4. 骨骼鉴别法

雄鸽颈椎骨粗而有力，胸骨长、稍弯，胸骨末端与蛋骨间距离较短，骨盆及两耻骨间距较窄，脚胫骨粗大。雌鸽颈椎骨略细而软，胸骨短而直，蛋骨间距较宽，胸骨末端与蛋骨间距也较宽，脚胫骨稍细而扁。

5. 亲吻鉴别法

配对鸽在接吻时，公鸽张开嘴，母鸽将喙伸进公鸽的嘴里，公鸽会以哺喂幼鸽一样作出哺喂母鸽的动作。亲吻过后，母鸽自然下蹲，接受公鸽交配。

人为的假亲吻方法是：一手持鸽，一手持鸽嘴，两手同时上下挪动（像鸽亲吻一样）。一般来说，尾向下垂的是公鸽，尾向上翘的是母鸽。

6. 脚趾鉴别法

将鸽固定于右手上，鸽头朝人，左手将鸽左侧两边的脚趾并拢，脚趾长而粗，第二脚趾和第四脚趾不一样齐为公鸽，脚趾短而细，第二脚趾和第四脚趾一样齐为母鸽。

第六节　赛鸽的年龄鉴别

了解赛鸽年龄的鉴别方法，对适时配对和选择优良种鸽具有十分重要的意义。尤其是初次引进外鸽血时需要特别注意。当然，由于赛鸽在出生 7 天时，我们即在它脚上套上当年的足环，足环一旦挂上便无法取下，除非剪断鸽子的脚趾，因此鸽友可以直接通过足环上所戴足环判断赛鸽的年龄。但近年来从中国台湾等地传入的“套环器”，可以通过机械的方法让赛鸽在无需割断脚趾的情况下也能顺利取下旧足环，并根据需求重新套上新的足环，足以以假乱真，达到混淆视听的效果。因此，为了有效提高鉴别能力，广大公棚和鸽友还是需要对赛鸽的年龄有一个基本的判断能力。

赛鸽一般可活 10~15 年，最佳生育年龄为 2~6 岁，黄金育种年龄 4~6 岁，赛鸽的年龄通常可以从以下几方面加以鉴别。

嘴甲鉴别：青年鸽嘴甲尖细，两边嘴角窄而薄，无结痂。成年鸽嘴甲粗短，末端硬而滑，两边嘴角宽厚而粗糙，并有较大结痂。喙末端较硬滑，年龄越大喙端越钝越光滑。此外，两边嘴角的结痂越大，说明哺喂幼鸽越多，年龄越大。2 岁以上的鸽，如果产仔轮次多而且善于哺育，嘴角结痂越多。5 岁以上的成年鸽张开口时，可以看到嘴角的茧子呈锯齿状（图 1-15）。

图 1-15　幼鸽和成鸽嘴甲对比

鼻瘤鉴定：幼鸽的鼻瘤红润，幼鸽的鼻瘤浅红而有光泽，两年以上的鸽鼻瘤已有薄薄的粉红色，鼻瘤较大而柔软，湿润而有光泽。四五年以上的鸽鼻瘤粉红，较粗糙，10 年以上鸽的鼻瘤则显得干枯粗糙。鼻瘤的体积也随年龄的增长稍有增大。总之鸽的年龄越大，鼻瘤越干燥，并且表面似有粉末撒布一样（图 1-16）。

图 1-16 幼鸽和成鸽鼻瘤对比

脚趾鉴定：青年鸽脚细柔，鳞片软，平而细，鳞纹不明显，呈鲜红色，趾甲软而尖，质地较软。成年鸽（2 岁以上）脚粗壮，有粗硬的鳞片，磷纹清楚，呈暗红色，趾甲硬而弯。5 岁以上的老鸽脚上的鳞片突出，硬而粗糙，呈白色，鳞纹清楚明显，颜色紫红，趾甲粗硬而弯曲。一般来说，脚越细，颜色越鲜，鸽的年龄越小，反之年龄越大（图 1-17）。

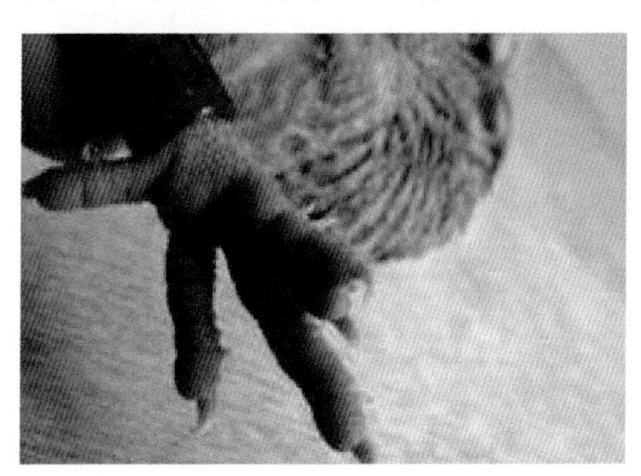
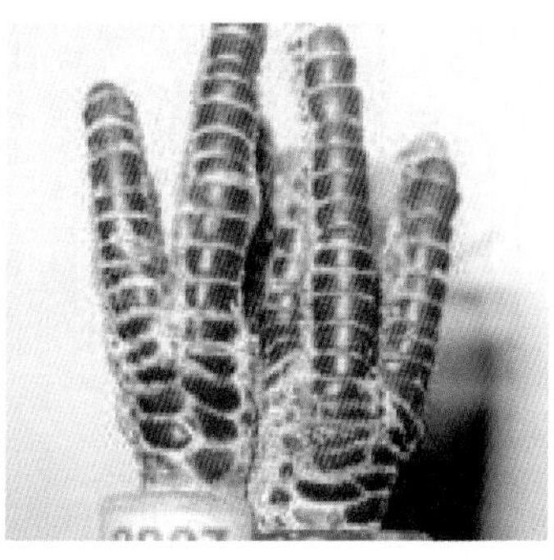

图 1-17 幼鸽和成鸽脚趾对比

脚垫鉴定：青年鸽脚垫薄而软滑，成年鸽脚垫厚而硬，粗糙且颜色较暗，通常偏于一侧。

羽毛鉴定：赛鸽主翼羽主要用来鉴别青年鸽的月龄。赛鸽的主

翼羽共 10 根，在 2 月龄时，开始更换第 1 根，以后 13~16 天顺序更换 1 根，换至最后 1 根时，赛鸽 6 月龄，已是成熟的时候，可开始配对。赛鸽副主翼羽共 12 根，可用来鉴别成鸽的年龄。副主翼羽每年从里向外顺序更换 1 根，更换后的羽毛显得颜色稍深且干净整齐（当然，这里列出的只是通常情况，并不能以偏概全。近年来用副主翼来鉴别年龄的理论多有争议，2007 年上海北路特比环冠军当年鸽副主翼羽就已换到第 3 根，笔者专门就此做过研究并发表了解说文章）。

眼裸皮鉴定：赛鸽的眼裸皮皱纹越多，则年龄越大。

法氏囊鉴定：赛鸽的法氏囊位于泄殖腔上方，以前称腔上囊。幼鸽的法氏囊比较大，成鸽时变得较小，几年后法氏囊完全没有或只剩一点痕迹。

第二章 赛鸽疾病的预防和控制

第一节 疾病预防和控制的基本原则

一、实行科学的饲养管理

1. 根据赛鸽不同时期的营养需要，供应科学合理的饲料

（1）选用优质的饲料原粮。

（2）一次配制不宜过多，现配现用。

（3）维持饲料的相对稳定，不要突然改变饲料配比。

（4）定时定量饲喂，不喂发霉或有毒的饲料。

2. 适宜温度和合理光照

（1）幼鸽温度过低会引发多种疾病，光照不足会引起种鸽钙代谢障碍。

（2）种鸽温度过低造成生育状态下降、无法达到生育巅峰。

（3）鸽舍内冬季要注意防寒保暖，夏季要注意避暑降温。

3. 保持适宜的饲养密度，避免过分拥挤

4. 保持鸽舍适宜的温度、湿度和良好的通风

（1）温度要求。当外界温度与体温相差 8 ℃以上时容易造成应激、紧迫。

（2）湿度要求。湿度过低，空气干燥，易患呼吸道疾病；湿度过高，病菌易繁殖，容易下痢，发病率显著增高。

（3）通风要求。鸽舍内若通风不良易导致氨气浓度高，空气质量差，大量有毒害的气体对赛鸽的眼睛和呼吸道黏膜有强烈的刺激作用，这正是造成赛鸽呼吸道疾病多发的重要原因。

5. 避免或减轻应激

（1）应激产生的原因。天气骤变、更换饲料、通风不良、饲养密度过大等因素都可能引发应激反应。症状有呼吸急促、伸颈垂翅、烦躁不安、飞行时间缩短、食欲明显下降等。

（2）应激的防治。尽量消除应激原，快速补充电解质、护肝精、维生素 C 饮水可有效缓解本病。

6. 保持好鸽舍良好的清洁卫生

7. 建立经常观察制度

（1）经常观察鸽群，及时发现病鸽并做有效隔离治疗。

（2）做好种鸽作育期育种记录，观察幼鸽生长速度和竞翔能力。

二、建立严格的兽医卫生管理制度

1. 饮水卫生

（1）要求饮用矿泉水或是经消毒、过滤的自来水，提高安全性。

（2）饮水每天至少更换两次，饮水器勤洗并消毒。

2. 饲料卫生

（1）防止饲料被污染、霉败、变质或生虫。

（2）赛鸽不同时期营养需求不同，应根据育种期、换羽期、修养期、路训期、比赛期的不同而配比相应饲料。

3. 鸽舍卫生

注意保持鸽舍清洁、通风、干燥；定期消毒鸽舍；进出鸽舍前要消毒、换鞋等。

4. 鸽粪无害化处理

（1）普通鸽粪（一般性传染病）处理法。堆积发酵。

（2）恶性传染病鸽粪无害化处理法。深埋法；焚烧法；化学处理法。

三、免疫接种

定义：指用人工方法将疫苗或菌苗注入机体内，使机体通过人工自动免疫或人工被动免疫的方法获得防治某种传染病的能力。

免疫程序

指根据一定地区、养殖场或特定动物群体内传染病的流行状况、动物健康状况和不同疫苗的特性，为特定动物群制定的接种计划。例如，鸽痘一般只用弱毒苗免疫一次，而新城疫则要用弱毒苗或灭活苗免疫多次。

四、药物预防

鸽群化学药物预防对某些疾病在具有一定条件时可以收到明显的效果。但长期使用药物预防，容易产生耐药菌株，影响防治效果。因此更倾向于以中草药预防为主，药物预防为辅。

五、卫生消毒

1. 环境消毒

2. 人员消毒

3. 鸽舍消毒

4. 带鸽消毒

第二节　环境与消毒

现在的鸽舍和公棚，尤其是新建的公棚，环境越来越好，绿化越来越好，鸽棚的硬件设施越来越好，似乎养鸽变得更加容易了。事实上，现在的赛鸽病越来越多，养鸽难度越来越大，究其原因，其实最大的问题，就是我们在这些年的赛鸽发展中，过分地关注了赛鸽奖金、血统、赛线、鸽棚硬件等外部因素，而严重忽略了养鸽环境。当下很多鸽友和公棚认为只要接种了疫苗就万事大吉，一遍疫苗不够就打两遍，两遍不够就打三遍，有些鸽棚进棚打一针，隔 15 天再打一针，认为鸽子免疫力增强了，各种病菌就不会感染了。而客观情况是疫苗的保护力是相对有限的，疫苗不能替代环境消毒，只有良好的管理，赛鸽有健康的体质，疫苗才能发挥最佳效力。

所以提高赛鸽健康管理的关键之一是提高消毒管理意识、加强消毒管理。有些公棚教练一遇到鸽群发病就满腹牢骚：“老师，我每周消毒 2 次，怎么鸽子还是有病呢？”其实，这个问题很好回答：“如果每周消毒 2 次，鸽子都没有病了，那还需要兽医干什么呢？还需要药剂师干什么？还需要好的鸽药干什么呢？”但是，我们试想，如果没有消毒，鸽舍微环境病菌数量越来越多后，就不是死几羽体质虚弱的鸽子的问题了，就是大面积发病、甚至全棚死亡的问题了。也有很多职业鸽舍，鸽子一发病开始死亡，就每天开始消毒，病情稍有控制，又好了伤疤忘了疼，消毒水壶都不知道扔哪

儿去了。

消毒是指用物理或化学等方法杀灭病原微生物或使其失去活性，以防止和消灭赛鸽传染病。

我们在养鸽过程中往往不注重消毒管理，经常出现以下问题。

一、鸽舍和公棚常常忽略与外界隔离的重要性

由于厂址选择、管理不善等原因，养殖场与外界环境成为事实上的各种物品（特别是污染物）带菌人员畅通无阻的交流场所，致使疾病广泛传播。

二、常常忽略动物与粪尿隔离的重要性

没有地网的鸽棚通常使赛鸽与其排出的粪便时刻接触，一旦少数体质虚弱的鸽子感染，地面含有营养丰富的粪便就是细菌良好的培养基，使其迅速繁殖，结果不断加重疾病的发生。因此，建有地网的鸽棚，使赛鸽生活在与粪尿隔离的环境中，是有效控制疾病所必需的设施。

三、消毒意识不强，忽视消毒的重要性

消毒是把疾病挡在鸽舍和公棚或动物体内的关键技术手段。它的作用是疫苗防疫、抗生素防控所无法解决的。病原体存在于鸽舍内外环境之中，达到一定浓度即可诱发疾病。过高的饲养密度可加快病原体的聚集速度，增加疾病感染机会。疾病多为混合感染（合并感染），一种抗生素不能治疗多种疾病。许多疾病尚无良好的特效药物和疫苗。疫苗接种后，抗体产生前是疾病高发的危险期，初期抗体效力低于外界污染程度时，降低外界病原体的数量可减少感染的机会。所以，消毒意义非常重大。

消毒可广谱杀菌、杀毒，杀灭体外及其环境存在的病原微生物。只有通过消毒才可以减少药物使用成本，并且消毒无体内残留的问题。所以消毒是性价比最高的保健措施。

四、鸽舍和公棚的消毒存在的认识误区

有些人重视进棚时的消毒，忽视进棚后的消毒，忽视动物体、空气、饮水及地面消毒。很多人对鸽舍和公棚的消毒无信心，感觉病原微生物看不见、摸不着，对消毒效果持怀疑态度，消毒池根本没有或形同虚设。有的鸽友对疫苗的期望过高，认为接种疫苗就安全了，不按规定消毒或消毒不彻底、不规范、不持久，消毒剂选择使用不当，致使消毒效果不佳。

五、重视消毒制度，轻视消毒程序

普遍认为在鸽舍和公棚内的大棚内环境按照消毒制度定期消毒就可以万事大吉了，其实不然。大多数养殖户常不按程序、顺序消毒，或消毒不彻底，不能全部覆盖。

因此，提高鸽舍尤其是公棚消毒效果要特别做好以下工作。

1. 选择合格的消毒剂

养殖场选择消毒剂要在兽医人员指导下，根据场内不同的消毒对象、要求及消毒环境等有针对性地选购有批准文号的消毒剂。选择时要认真查看消毒剂的标签和说明书。看是否是合格产品、是否在有效期内、对何种病原体敏感。选择消毒剂要具有价格低、易溶于水、无残毒、使用方便、广谱、快速、高效等特点。还要注意的是，不要长期使用单一品种的消毒剂，以免使病原体产生耐药性，影响消毒效果。在选择消毒剂时，要根据消毒计划，定期更换消毒剂，以保证良好的消毒效果。

2. 确定适宜的消毒方法

使用消毒药剂时，要选择适宜的消毒方法，根据不同的消毒环境、消毒对象和被消毒物的种类等具体情况，选择高效可行的消毒方法，如喷雾、浸泡、刷拭、熏蒸、涂擦、冲洗等。

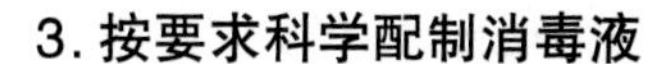

3. 按要求科学配制消毒液

市场上的化学消毒药品，因其规格、剂型、含量不同，往往不能直接应用于消毒。使用前，要严格按说明书要求配制实际所需的浓度。配制时，要注意掌握对消毒效果影响最小的浓度和温度。还要注意有些消毒药品要现配现用。配好的消毒液不宜久贮。有的消毒药液可一次配制，多次使用，还有些消毒药品（如氯制剂等）在久贮后使用时，要先测定有效氯含量，然后根据测定结果进行配制。

4. 设计合理的消毒顺序

有些鸽棚消毒效果差，主要是消毒程序不科学。公棚的科学消毒步骤如下。

（1）将鸽舍内的粪便等进行清除。

（2）用高压水枪冲洗鸽舍的栖架、地面和不能移出的设备用具。

（3）圈舍冲洗干燥后，用卫康防火墙（赛鸽专用消毒液）喷洒地面、墙壁、屋顶、笼具、饲槽。

（4）鸽舍内移出的设备用具放到指定地点，先清洗再消毒。如果能够放入消毒池内浸泡的。最好放在消毒溶液中浸泡 3 小时；不能放入池内的，可以使用卫康防火墙消毒液彻底全面喷洒，消毒 2 小时后，用清水清洗．放在阳光下暴晒备用。

公棚消毒顺序：鸽粪消毒→清扫→自来水冲洗→干燥→喷洒消毒液→喷洒杀虫剂→搬入经水洗后晒干的笼具→消毒药喷雾消毒→干燥→喷洒消毒液→通风→进鸽。

（5）保证优良的消毒环境。有的饲养员在消毒工作中，往往是用消毒液全面喷洒 1 次就算消毒完成，不注意浓度和接触时间，这样往往达不到良好的消毒效果。在消毒时，应让被消毒物充分与消毒液接触，有效应用浓度至少需要 30 秒。要掌握好消毒作用时间，当接触时间过短时，往往达不到杀灭的目的，只有达到规定作用时间后才能保证消毒液将病原体杀灭。

（6）严把人员、车辆、物品进出的消毒关。很多公棚虽然都执行了严格的消毒工作。又在进、出口设置了消毒槽，但还不能完全切断外界病原体的侵入。必须严格控制场外人员进出，定期更换消毒槽中的消毒药剂，以防失去药效。饲养管理人员要注意保持身体清洁与健康，入场前需在洗手池清洗，换上工作帽、工作服。车辆、饲养工具及有关物品等进、出要经过严格消毒。只有采取综合控制措施，从严把关，才能保证取得良好的消毒效果。

（7）免疫前后不宜带鸽消毒。采用饮水免疫弱毒疫苗的前后1天和当天（共3天）不能喷洒消毒药，前后2~3天和当天（共5~7天）不得饮用含消毒药的水，否则，会影响免疫效果。

（8）做好消毒工作记录。将进行消毒工作中的人员、消毒场所、被消毒物、消毒药剂品种、配制浓度、消毒方法、消毒时间等详细情况记入“消毒记录簿”，一方面，可以作为下次消毒时的选择消毒剂品种、消毒方法、消毒时间等的参考；另一方面．还可以作为养殖场发生疫病时进行流行病学分析的一个因素。

随着科学技术的进步，已研制成功新型消毒药物——卫康防火墙，与传统消毒药物相比，具有下述优点：广谱：对多种细菌、病菌、真菌和原虫均有较好的杀灭效果；高效：在低浓度的情况下即可杀灭病原，对人、赛鸽安全，刺激性小，对设备无腐蚀性，无残余毒力，不污染环境。

公棚可以使用卫康防火墙进行饮水消毒，可以杀灭水中的病原，防止病原的扩散和传播，还可净化水质，减少鸽群疾病的发生。

公棚和鸽舍应重视对鸽群的消毒，可用于带鸽喷雾消毒的消毒药物为卫康防火墙。宜采用消毒新技术——使用卫康防火墙带鸽喷雾消毒。带鸽喷雾消毒的好处：可以杀灭空气及环境中的病原；可以杀灭鸽体表及笼舍上的病原；可以降低鸽舍粉尘的含量，净化空气；可以增加鸽舍湿度，起到降温解暑的作用。

带鸽喷雾消毒应注意：喷雾前应适当清扫；喷雾应均匀；喷雾量应根据季节适当增减，一般以鸽体表稍湿为宜；在疫苗使用前后三天应停止喷雾消毒；冬季应注意保温（图 2-1）。

图 2-1　教练员在带鸽消毒

有一个良好的养鸽环境固然重要，但最重要的是在今后的饲养过程中，保持环境的美好，有效控制环境中的病菌数量，这才是最重要的！

第三节　鸽群的免疫接种

免疫接种是预防赛鸽疫病的一项重要措施，主要是通过接种疫苗激发赛鸽机体产生特异性抵抗力，从而达到预防赛鸽病的目的。

一、疫苗

我们习惯上把细菌、病毒等制成的预防特定疫病的生物制品统称为疫苗。

疫苗的种类很多，按苗（毒）株的活性可分为活苗（弱毒苗、中等毒力、强毒力等）和灭活苗（死毒苗）两大类。

按剂型又可分为冻干苗、水苗、油乳苗等。

按疫苗所含菌（毒）株的株数分为单价苗、多价苗、联苗（二联、三联、五联等）等。

按现代生物工程产品分，又有亚单位苗、基因工程苗、合成肽苗等。

良好的疫苗应具备以下条件：安全性好，没有明显的副反应；免疫源性好，能产生坚强的免疫力（保护率高），免疫保护期长；使用方法简便，易于大面积防疫；价格低廉，易于保存，来源充足。

二、免疫程序的制订

根据赛鸽的实际情况选用疫苗，并按疫苗的特性合理安排预防接种的时间、方法和次数，这就是所谓“免疫程序”。

免疫程序必须根据本地或者本公棚疫病流行情况，鸽群抗体消长规律和本鸽舍或公棚的发病情况、防疫条件、参赛鸽质量、个体差异等诸多因素综合分析而制订，不能凭主观臆想或从别的地方生搬硬套而来。很多公棚喜欢去向别的公棚学习接种疫苗的经验，然后照搬到自己公棚，其实没有任何意义。一是收费不同，很多公棚收到的参赛鸽质量是不一样的，二是各棚所在区域饲养密度、水平不同，病菌数量、病毒毒株都可能出现不同，因此不要一看到别的鸽友或者公棚传授经验是这样搞那样搞，自己回去马上也这样那样地学，反而打破了原来的防疫计划，得不偿失。

另外，所制订的程序还应根据实际应用效果、疫情变化、鸽群动态不断总结、修正。在此特别提示广大鸽友和公棚应该注意以下几点。

1．首次免疫接种时间

种鸽可以通过卵黄将母源抗体传递给子代。雏鸽在孵化过程中吸收卵黄，出壳后一周内将其吸收殆尽，从而获得母源免疫力，这种被动免疫在幼鸽自身免疫系统成熟以前具有非常重要的保护作用。保护力的高低和可抵抗的疫病种类取决于种鸽母体的免疫情况。

母源抗体在许多方面都和主动免疫产生的抗体相同，可包围并中和入侵的微生物包括人工接种的疫苗微生物。如果疫苗被母源抗体中和，就不能刺激机体产生免疫应答反应，从而造成疫苗接种无效。母源抗体在幼鸽体内一般保持 12~28 天，若过早地接种疫苗，只能得到部分保护力或者反而无法获得保护力。我在临床上看到很多鸽友都是在幼鸽 7 天或者 12 天、15 天、18 天时就给鸽子接种疫苗或者点眼滴鼻，这样的做法其实不利于母源抗体对幼鸽的保护，反而可能产生中和作用。

公棚参赛鸽来自不同地区、不同日龄，所以母源抗体的水平是不同的，因此有必要对其母源抗体水平进行测定。一般认为当鸽群母源抗体水平下降到功毒保护临界水准以下方可进行首次免疫接种。当赛鸽新城疫母源抗体（HI）降到 2 log2 时即可进行首免，大多数赛鸽母源抗体在 28~35 日龄已降至此水平，故在无感染威胁地区，母源抗体水平较高的赛鸽新城疫初免宜在 28~35 日龄（注：n log2 代表 HI 抗体滴度）。

2．加强免疫时间确定

加强免疫的时间同样不能硬性统一规定，必须根据上次免疫的效果和免疫保护期来确定。当鸽群抗体水平下降到攻毒保护临界水准时，就必须进行加强免疫（以体液免疫为主的疾病）。

我们一般把新城疫血清抗体的保护临界水准定为 3 log2（HI）（黑三月来临之前的分批入棚幼鸽）和 5 log2（进入换羽期的赛鸽）。

一般情况下，笔者每年都接到很多公棚打来的咨询电话，征求对农业部门做的抗体检测结果的意见。笔者对仅用群体中抗体的均值来判定赛鸽群体的免疫力高低这种观念是不赞同的，还应分析群体滴度分布的离散性。

对于相对养功到位的公棚，赛鸽 HI 抗体均值在临界标准以上，而有 20% 以下的个体低于临界标准也是可以被允许的。有些公棚负责人以为频繁地进行免疫就很保险了，其实这是错误的，如在短期内（1 个月内）多次重复接种新城疫弱毒疫苗（如饮水、点眼滴鼻等），疫苗病毒在场内不同鸽群内传播，鸽群不断受感染，引起免疫抑制（即免疫系统和免疫细胞对病毒产生免疫麻痹和不应答），反而使免疫力下降或造成免疫失败。

3. 受疫病威胁鸽群的免疫

幼鸽母源抗体局限于血液中，不能抵抗新城疫病毒主要经呼吸道的感染。而且种鸽不同个体的抗体水平也不总是均匀一致的，即使均匀一致，其所孵出的幼鸽母源抗体水平也有很大差别。另外，等母源抗体下降后进行首免，而疫苗接种后则需要一段时间才能产生坚强免疫力，这样就出现一个免疫空档（即免疫空白期）。因此，公棚收进来的幼鸽，在没有接种油苗或水苗之前，最好能点眼滴鼻一次弱毒疫苗，效果非常明显。

4. 疫苗类型和接种途径或方法

赛鸽必须接种疫苗。接种疫苗时必须严谨认真，不可马虎大意，更不可应付差事，认为只要接种疫苗了就万事大吉了，更不可存在任何侥幸心理，认为接种一次即终生不需要再进行接种。接种疫苗时需要确保遵守“三大纪律”，贯彻“八项注意”事项，才能确保种鸽产生良好的免疫效果和抗体滴度（图 2-2）。

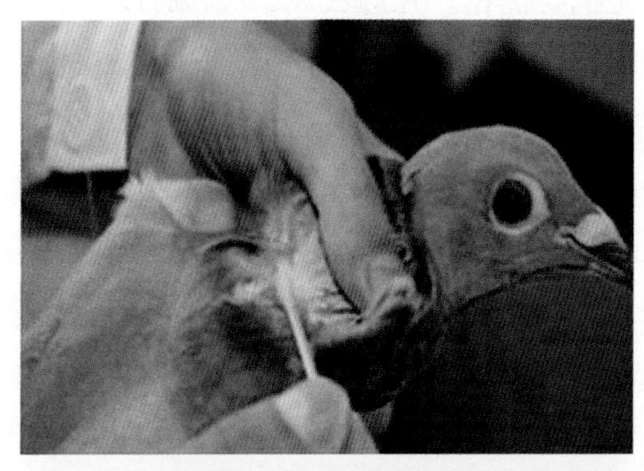

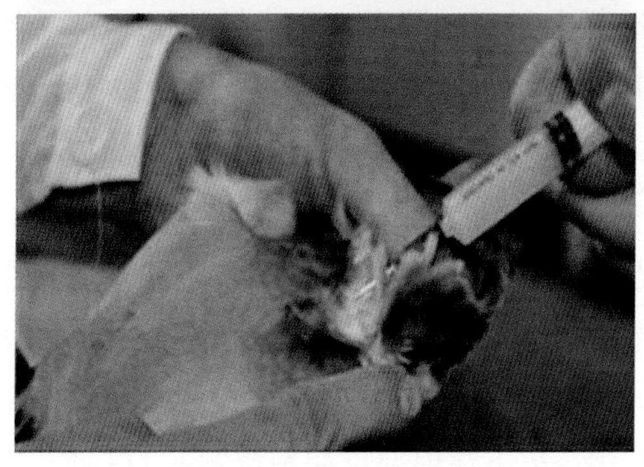

图 2-2　疫苗免疫接种

（1）三大纪律。

① 接种鸽体要健康。无论是谁接种疫苗，在接种前均需保证健康的体质，接种前后应尽量减少应激反应，患病鸽不能接种，在无法判断或大范围接种的情况下，应在免疫接种前中后 3 天内使用电解质和活菌饮水，进行抗应激调理，增强免疫效果。

② 疫苗质量要合格。疫苗瓶破裂、无标签、超过有效日期均不能使用。疫苗因受冻、高温、强光照射等不正确保存致使油乳剂疫苗颜色不均匀，呈油水分层状态禁用。

③ 接种时机要优化。凡遇大风、大雨、下雪、气温骤降以及运输、转群状态下不宜安排免疫注射。

（2）八项注意。

① 疫苗准备要细致。疫苗使用时必须回温至25℃左右，使之尽量接近鸽子体温再进行注射，注射前和注射过程中应充分摇匀。

② 针头选择要适中。建议选用9~12号针头，过细则抽液、推注困难，过粗易造成药液外流、接种鸽创伤大，影响防疫效果。

③ 针具使用要消毒。注射器、针头使用时要严格消毒，针头要用酒精棉球每次每羽的消毒，防止针头携带病原微生物传染疾病；选用弱毒苗做刺种防疫的针刺种时不得用酒精消毒，应蒸煮或火焰消毒。

④ 接种剂量要准确。应按说明书要求的剂量注射，不能随意增减，少则不足以使肌体产生抗体，多则形成免疫麻痹，导致免疫失败。我们推荐种鸽每羽接种0.25~0.3毫升，幼鸽每羽接种0.25毫升。

⑤ 接种部位要恰当。新城疫油苗接种时，肌内注射应是胸肌或大腿外侧肌肉，皮下注射部位在颈背侧下1/3处；鸽痘疫苗接种时，刺种部位在鸽翅膀内侧或胸肌、腿肌无血管处刺种，也可采用腿部拔毛刷疫苗溶液接种。

⑥ 操作手法要正确。注射操作应二人配合进行，一人保定接种鸽，另一人实施注射。皮下注射方法：揪起颈背侧中后部（下1/3）皮肤肌肉，略呈三角状，避开血管和神经，由鸽头至尾部方向斜45度角刺入1~2厘米深推注，皮下注射忌只挑破表皮，注入

太浅，这样会引起疫苗外漏和鸽子不吸收，引起炎症或肿块甚至囊肿；肌内注射方法：胸肌注射时，由头至尾部针头与注射部位皮肤成 30 度角，于胸部的上 1/3 处，斜刺入胸肌注射。忌大角度刺入，以免刺入胸膛损伤内脏；腿部肌内注射时，忌在有血管、神经分布的内侧注射。鸽痘刺种方法：用刺种针蘸取稀释的疫苗溶液直刺或挑刺鸽翅内侧或胸部肌肉，使免疫抗原在刺破部位的皮肤上增殖产生免疫效果。

⑦ 接种程序要合理。不同类属疫苗接种时间相近会产生干扰作用，应按照说明书载明的间隔期进行接种。

⑧ 防病用药要谨慎。为确保健康鸽接种疫苗和降低应激反应和发挥良好的效价，灭活疫苗接种 3 天后即可用抗生素类药物，弱毒疫苗（鸽痘，滴鼻点眼苗）接种时和接种后 5~7 天内则不得使用抗生素和任何消毒剂。

5. 不同鸽群的免疫

主要根据赛鸽的饲养周期制订免疫程序以获得全程保护。鸽友交给公棚的幼鸽最好在家做完点眼滴鼻的疫苗，1 周后即可交公棚，公棚一般饲养周期在 8 个月以上，因此还必须进行 3 次以上的免疫。另外，尽管新城疫病毒有时并不感染成年种鸽或感染的危害不大，但为了保持赛鸽有一定程度的母源免疫力，种鸽最好在配对前总整理时进行一次点眼滴鼻加强免疫。

6. 应考虑的其他因素

制订免疫程序时还应考虑到幼鸽免疫系统是否成熟，赛鸽群的健康状况和饲养管理状况。在进行免疫时应注意疫苗和药物相互之间的干扰，如有干扰应错开进行。

第四节　防控赛鸽疾病暴发的主要措施

《中华人民共和国动物防疫法》第五条规定：国家对动物疫病实行预防为主的方针。因此赛鸽传染病的防治，必须坚持预防为主的方针，传染病防控措施主要如下。

1. 加强科学饲养管理，增强机体的抗病能力

很多传染病的发生，都与赛鸽饲养管理的好坏有着密切的联系，因此，饲养赛鸽要求做到以下几点。

（1）分群饲养赛鸽。应按赛鸽的品种、年龄、大小、饲养目的、体质强弱等进行分群饲养。

（2）合理饲养。根据赛鸽的营养需要，确定科学的饲养标准和合理的饲养方法，以保证赛鸽健康和正常生长发育所需的营养，防治营养缺乏病。

（3）加强环境卫生。建立良好的生长环境，做到鸽舍清洁卫生。舍内温度过高或过低，潮湿，二氧化碳、氨气浓度过高等，都能降低赛鸽黏膜的抵抗力而诱发多种疫病。

（4）做好幼鸽的饲养管理。对幼鸽的饲养，要适时接种疫苗，提高母源抗体和免疫球蛋白的水平，增强幼鸽的抗病力。

2. 引种时，做好种鸽的检疫、防疫工作

从外地引进种鸽时，应坚持不从疫区引进；引入种鸽要隔离观察 1 个月，确认健康后，方可合群饲养；隔离检疫期间，要根据引进种鸽时提供的防疫情况，适时补种必要的疫苗，以提高机体特异

性抵抗力；从国外引进优良品种时，还要加强口岸检疫，防止从国外引进新的疫病。

3. 建立合理的防疫制度

（1）坚持消毒制度。公棚应设更衣室和消毒池，工作人员和饲养员进入饲养区时要更换工作服。无关人员禁止入场，谢绝参观，确需进场的人员进场时必须经消毒并更换衣服方可入场。

（2）杜绝外来天落鸟进入鸽棚。

（3）禁止在鸽棚内解剖赛鸽。更不准在饲养区内乱扔死亡赛鸽尸体，以防疫病传播。

4. 严格执行消毒制度

消毒的目的在于杀灭外界环境中存在的各种病原体，这是切断传播途径的一项重要措施，为此应做到以下几点。

（1）有目的地选用消毒药。要根据病原体对外界环境条件的抵抗力，选择适当的消毒药和消毒方法。

（2）科学计算消毒剂量。要根据圈舍的大小、墙壁、地面的结构及消毒药品的种类，计算出消毒药品的剂量。

（3）按科学程序实施消毒。先打扫干净圈舍，配好消毒液，然后喷洒天棚、墙壁、笼具，最后喷洒地面。

（4）消毒药要根据其有效成分定期更换，或选用几种有效成分不同的消毒药交叉使用。

5. 制定科学的免疫程序，按时进行免疫接种

免疫接种是提高机体特异性抵抗力，降低赛鸽易感性的重要措施，它是综合性防控赛鸽传染病的一项重要内容。为此，科学免疫要做到以下几点。

（1）制订周密的免疫接种计划。接种各种疫苗要经过一定的时间后才能产生免疫力，因此，要根据各种传染病的发病季节、疫苗产生抗体的时间，制订相应的接种计划，按程序接种疫苗。

（2）制定科学的免疫程序。刚出幼鸽体内的母源抗体往往会影响疫苗的效果，因而对某些传染病，应进行母源抗体的测定，选择无母源抗体或母源抗体较低时接种疫苗。如果无条件监测，可根据他人或自己的经验确定初次接种时间。

（3）按免疫效果确定免疫接种的方法。疫苗免疫接种的方法很多，有时一种疫苗就有多种接种方法，究竟用什么方法，应根据免疫效果来确定最佳的免疫方法。

6. 有目的进行药物预防

有些赛鸽传染病，目前尚无特效的疫苗或血清，但某些药物确能较好地控制和消灭病原体，可以针对性应用一些药物进行预防。但应注意，不能长期大剂量使用，否则易产生抗药性，从而影响药物疗效。

7. 赛鸽发病时应及时作出诊断并正确处置

及时正确诊断，对于早期发现病鸽，及早控制传染病，采取有效防控措施，防止传染病继续扩大传播，都具有重要意义。当赛鸽发生传染病时，要及时准确作出诊断并将病鸽隔离，防止病原体向外扩散，同时及时治疗染病赛鸽以控制和消灭传染源。发生烈性传染病要及时上报。病死赛鸽尸体要深埋或焚烧，作无害化处理。发病鸽粪必须认真处理。处理的方法有堆积发酵、烧毁和化学药品处理，以堆积发酵最常用既达到消毒的目的，又不丧失肥效，通常经数月的发酵，即可达到消灭病原体的目的。

总之，对于赛鸽传染病，要采用综合性的防控措施，从而达到防治的目的。

第五节　实验室检查病料的采集和保存方法

采集病料是微生物学诊断、血清学诊断和病理组织学诊断等实验室诊断方法的重要环节，直接影响着检验结果的准确性和速度。为了提高诊断的时效性和准确性，以便及时制定和落实防控措施，减少经济损失，主要内容如下。

（1）采集前应准备好已消毒过的器械和容器。

（2）供实验室检验用的病料采集时要尽可能齐全，主要为内脏、淋巴结和局部病变组织等。

（3）病料采集的全过程都要注意无菌操作，器械都要经过消毒，做到一畜一套器械。

（4）一般情况下，采集病料的病例应选取临床表现较明显且典型的病例。

（5）采集病料最好选择濒死期或刚死的鸽。

（6）病料的采取，须于鸽死后 6 小时以内进行。

（7）死因不明的动物尸体，在解剖前，必须做血液涂片，染色镜检，排除炭疽后方能解剖取样。

（8）盛装病料的容器在装病料后应加盖并用胶布或蜡密封，在容器外壁贴上标签，注明病料的名称、采取日期。

（9）天气炎热或不能马上送检的用作细菌检验的材料，可用 30% 甘油缓冲盐水保存；作病毒检验的材料，可用 50% 甘油缓冲盐水保存，并做到低温保存传递。

（10）认真填写好病料送检单。送检单上应详细记录病料的来源、时间、地点、畜主、送检单位、发病动物的流行病学、症状、病理变化等情况。

（11）在解剖采样过程中必须穿戴工作服和手套，注意个人卫生防护。

（12）病料采集后要及时对尸体进行无害化处理，被污染的场地要进行彻底消毒。

（13）运输病料时，外包装应印上生物危险标示，样品运送需要专人护送。

（14）病料采集必须严格按照《样品采集和处理规定》进行。

附：样品采集和处理规定

样品的采集和处理规定

一、样品的采集

1. 血样的采集

（1）根据动物种类确定采血部位。选用真空管、无菌注射器、无菌采血瓶、毛细管等采血，采血量须满足试验需要。

（2）若需抗凝血，则视实验要求选择抗凝剂。如需血清，则待血凝固后无菌分离血清并分装于灭菌瓶（管）中。

2. 粪样的采集

将消毒拭子插入动物肛门或泄殖腔中，采取直肠黏液或粪便，放入装有缓冲液的试管或瓶中，尽快送到实验室；若检查消化系统寄生虫，则需采取 5~19 克新鲜粪便。

3. 子宫阴道内分泌物或外生殖器包皮内分泌物的采集

将消毒好的特制吸管插入子宫颈口或阴道内，向内注射少量营养液或生理盐水，多次揉搓，使液体充分冲洗包皮内壁，收集冲洗液注入无菌容器内。

4. 实质脏器的采集

无菌采集脏器组织块，放入无菌容器内。每块组织应单独放在无均容器内，注明日期、组织和动物名称。注意防止组织间相互污染。供组织病理学检查的组织块的厚度不能超过0.5厘米，切成1~2厘米的方块，置于至少10倍于组织样品体积的中性缓冲10%福尔马林溶液中。作组织学检查的样品不能冷冻。

5. 皮肤样品的采集

产生水疱或皮肤病变的疾病，应直接从病变部位采样。病变皮肤的碎屑以及未破裂水泡液也可作为样品。

6. 奶样的采集

清洗乳头后采样。弃去头把奶液后采集奶液装满无菌试管。

7. 胚胎的采样

选取完整、无腐蚀的胚胎置于冰桶中尽快送抵实验室。如果在24小时内不能将样品送达实验室，只能冷冻运输送。

二、样品的处理

1. 用于病毒学检验的样品的处理

（1）实质器官组织样品的处理。无菌采取一组织块，用无菌剪刀剪碎后，加5~10倍的pH值7.2~7.4含抗生素的营养液，研磨制成组织悬液冻融2~3次或超声波裂解，离心后取上清液做接种培养。

（2）胚胎样品的处理同上。

（3）分泌物和渗出物的处理。将所采样品用pH值7.3~7.4含抗生素的稀释液作3~5倍稀释，室温感作60分钟后离心取上清液。

（4）各种拭子的处理。将所采的拭子立即放入2~5毫升pH值7.2~7.4含抗生素营养液中，充分刷洗拭子后，置于灭菌的离心管中室温感作30~60分钟，离心后取上清液。

2. 用于细菌学检验的样品的处理

（1）无菌采集的组织病料，接种前无须做特别处理；如果分离的病原菌在组织细胞内，则需在无菌状态下将组织剪碎、研磨，加入5~10倍的缓冲液制成悬液，或加入适量的酶、酸或碱，使组织消化，细菌释出，离心取沉淀接种。

（2）有杂菌污染的样品，可选用接种选择性培养基的方法来抑制杂菌的生长。

（3）用加热法杀死非芽孢杂菌以分离芽孢菌。

（4）奶、尿等样品含量少，要用离心法或过滤法作集菌处理。

3. 血清样品的处理

血清样品通常用于血清学诊断，不需作特殊处理。

第三章 赛鸽疾病诊断技术

第一节 赛鸽发病因素

一、赛鸽发生疾病的原因

从本质上说，赛鸽发生疾病是由于机体的新陈代谢障碍造成的，表现为组织器官损伤和功能紊乱。引起赛鸽发生疾病的原因有内源性和外源性两方面，内源性因素一般是指遗传、营养、机体免疫（抵抗力）状况等；外源性因素主要有通过空气、接触、交配、育雏等方式被动感染各种病原菌。

赛鸽发病都是内、外源因素共同作用的结果，对于不同性质的疾病，内、外源因素所起的作用不同。根据引起疾病的主要因素，可将鸽病的病因归纳为三大类。

1. 由微生物引起的疾病

它是最主要的一类疾病，其明显的特征是具有传播性和流行性。由于微生物长期对赛鸽的适应及其本身的特性，不同微生物引起的疾病，其传播性和流行性有显著的差异。例如，单眼伤风有季节性，多发于气温炎热的6—7月；沙门氏菌是鸽舍和公棚重要的发病源，可通过水平传播和垂直传播导致群体发病，而且能长期潜伏在鸽棚内导致体质下降的鸽发病死亡。

2. 由寄生虫引起的疾病

它也具有一定的传播性，虽然寄生虫对宿主（赛鸽）的适应性更高，但因其自身发育有一定的周期，所以其致病性和传播性一般比微生物弱。目前主要引起赛鸽致命的寄生虫病有球虫、毛滴虫、蛔虫、绦虫等。

3. 由营养、代谢和遗传因素等引起的疾病

这类疾病和饲养管理有着极其密切的关系，长期滥用抗生素药物，导致鸽群免疫力弱，则稍有一定强度的训放和运动，赛鸽即开始出现不适，并导致群体性发病。

二、赛鸽疾病的种类

在临床上有关疾病的分类方法很多。例如，根据病变的部位可分为消化道疾病、呼吸道疾病、神经系统疾病等；根据临床症状可分为腹泻性疾病、消瘦性疾病等；根据疾病的病因可分为传染病、寄生虫病和普通病。一般来说，根据疾病病因分类是较科学合理的。

1. 传染病

它是赛鸽中最主要的、造成严重损失的一类疾病。引起传染病的微生物有病毒、细菌、真菌、霉形体、衣原体以及螺旋体等。

（1）病毒。是个体最小的一类微生物，用光学显微镜一般是看不到的。它本身没有完全的代谢系统，必须在活体细胞中生存，依靠寄主活细胞的代谢系统完成自己的生命周期和增殖。因此，能杀灭病毒的药物往往对机体细胞也有毒害作用。在临床上，抗病毒药物的作用常常是不确切的，所以，病毒病的预防措施主要是免疫接种。

赛鸽易感染病毒主要有正黏病毒（流感）、副黏病毒（引起鸽巴拉米哥即鸽瘟）、疱疹病毒（鸽疱疹病毒病）和痘病毒（引起鸽痘）等。

（2）细菌。是一类很小的微生物，肉眼看不到，但比病毒大1 000倍左右，能用光学显微镜看到。细菌有细胞结构，只是遗传物质——核酸还没有形成细胞核，但它有完整的代谢系统。它的代谢系统与动物的代谢系统不同，所以，对细菌代谢系统有伤害作用的药物，对动物机体的毒性却很小。抗菌药物破坏细菌代谢系统而达到治疗细菌病的目的。目前，由于抗菌药物使用过多过滥，致使很多细菌产生抗药性，给治疗细菌病带来疗效不确切等不利影响。

引起赛鸽细菌病的细菌主要有沙门氏菌、致病性大肠杆菌、巴氏杆菌（鸽霍乱）、丹毒杆菌、结核杆菌和李氏杆菌等。

（3）真菌。是比细菌更大的一类微生物。它的生理结构与细菌有很大的不同，其遗传物质——染色体形成了有膜包裹的细胞核，它的细胞壁也与细菌不同。因此，对细菌病有效的抗生素，一般对真菌病的疗效很差，治疗真菌病要用抗真菌药物。

真菌一般不在赛鸽体内生长，只有在饲喂管理条件很差的情况下，或者长期使用抗生素时，由于体内正常细菌的拮抗作用被抑制时，才会发生真菌病。在幼鸽刚出生时，通常由于其抵抗力较差，口腔容易被真菌感染。常见的真菌感染有曲霉菌感染（雏鸽口腔霉菌病）和念珠菌感染。

（4）霉形体和衣原体。还有一些微生物，它们的生理特点介于病毒与细菌之间（如霉形体、衣原体），或者介于细菌与真菌之间（如螺旋体），因为它们都有细菌的某些特性，所以，它们对一些抗生素也是敏感的，可以用抗生素来治疗这类传染病。

鸽霉形体感染是较常见的，但临床上常常不表现出症状而为隐性感染，影响种鸽的呼吸系统和幼鸽的健康。有些职业鸽舍会出现个别赛鸽长时间喉部“打呼噜”，投喂任何抗生素均不能将其根治的情况，可以判定为传染性支原体感染。有时无须药物治疗，在条件性因素下，该鸽能自行康复，其实是由显性感染转变为隐性感染了。

衣原体感染在临床上称为鸟疫或单眼伤风。鸟疫虽然对鸽子来说不是致死性疾病，但若发病后两天内不能控制病情，超过 3 天的治疗疗程后，即使保留性命，在以后的竞翔生涯中也会飞失。更值得注意的是，鸟疫为人畜共患病，会影响人的身体健康，是国际间名鸽展览交流时必须检疫的疾病之一，感染鸟疫的种鸽或赛鸽是不能进出口的。现今中国鸽界大量从欧洲引入幼鸽和种鸽，导致衣原体病在国内各地鸽舍不断散播，并逐步显现发病苗头。

2. 寄生虫病

寄生虫由于长期适应性进化，一般其致病性不强。赛鸽感染寄生虫而发病比较普遍，其中蠕虫病和外寄生虫感染可导致赛鸽的飞行能力下降；有些原虫病常常给赛鸽造成重大损失，有时也能致鸽死亡。

赛鸽感染的原虫主要有毛滴虫、球虫等，蠕虫有绦虫、蛔虫等，外寄生虫有虱、螨、蜱等。

3. 普通病

这类疾病往往是由于饲喂管理不当造成的。有些遗传因素引起的疾病，临床上发病并不普遍。比较常见的普通病如下。

（1）营养缺乏症。赛鸽所需的主要营养物质，有蛋白质、氨基酸、糖类、脂肪、维生素和代谢必需的微量元素。其中容易缺乏的物质是维生素、氨基酸和微量元素。每当某一种营养物质发生严重缺乏时，赛鸽就会表现出体能和飞翔能力的下降，出现一定的临床症状。有时这些临床症状具有明显的特征。

（2）代谢障碍性疾病。赛鸽临床上容易发生的代谢障碍性疾病有蛋白质代谢障碍引起的痛风和脂肪代谢障碍引起的脂肪肝综合征。这与很多鸽友喜欢长期给服大剂量营养剂有关，或在使用营养品时，不参考剂量服用，任意加大剂量，认为营养品不会引起中毒，实则超量服用营养品也能引起赛鸽代谢障碍。

（3）中毒病。赛鸽的中毒病随着饲喂规模扩大和管理科学化，发病率已远远低于过去。但是对赛鸽来说，尤其是远距离放飞的赛鸽，由于放飞途中鸽子需要自己觅食，误食染有杀虫剂等农药和灭鼠药的情况比以往有所增加。由于饲料霉变、预防性药物添加不当和治疗疾病时药物使用不合理等，造成药物中毒的情况也时有发生。

（4）遗传病。赛鸽的遗传性疾病比较少见，但在鸽群较小、自群繁殖时，由于近亲繁殖，容易使鸽群退化，遗传性疾病出现概率较高，只是饲喂者不易观察到。因为赛鸽在哺育子代时，发现幼鸽有病就不再喂养而把幼鸽遗弃，所以在临床上仅表现为幼鸽育成率下降。由于上述原因，对赛鸽遗传病的研究开展得较少。肌肉退行性变化（无名消瘦症）、痛风（关节肿大）等常被怀疑是遗传原因造成的。

（5）其他普通病。包括外科病、肿瘤等，在赛鸽中一旦发现即予以淘汰，一般影响不大。但由于管理上的原因造成的普通病，例如缺水后暴饮凉水引起的水嗉囊等，有时会造成较大损失，应该予以重视。

第二节　赛鸽解剖内脏器官识别

许多鸽病有典型的或特殊的病理变化，在流行病学调查和临床检查的基础上，开展病理剖检（图 3-1），观察病鸽器官组织的变化，可以为正确诊断提供可靠的依据。同时也可为实验室检查提供病原学、免疫学、病理组织学等所需要的病理材料，是对疾病进一步诊断的重要措施。

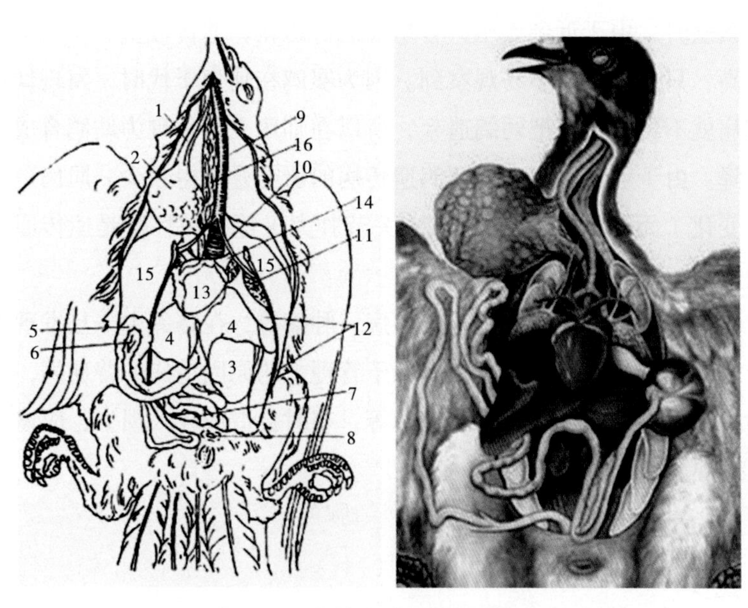

图 3-1　赛鸽内脏器官解剖示意

1. 食管 2. 嗉囊 3. 肌胃 4. 肝脏 5. 十二指肠 6. 胰腺 7. 腹部体壁 8. 泄殖腔 9. 气管 10. 下喉肌 11. 肺 12. 气囊 13. 心脏 14. 锁骨下动肌 15. 胸肌（已剖开）16. 颈肌

1. 常见病理变化

赛鸽患病的病理变化，常见的有以下几种。

（1）充血。局部器官组织毛细血管扩张，血液含量增多，称为充血。充血部位表现为增温、轻微肿胀并发红，而发红部位的皮肤用指压后即褪色，指放开即恢复原状。充血是动物体的一种防卫反应，主要见于炎症。

（2）淤血。亦叫静脉充血，是静脉血液回流发生障碍所引起的。具体表现为：发绀、肿胀、温度降低；切开时，从血管内流出多量暗红色不凝固的血液。淤血往往多见于肺、肝、脾、肾等器官。

（3）出血。血液流到心脏血管系统之外，称为破裂性出血；血液中的红细胞从小血管渗出，则叫渗出性出血。破裂性出血可见于盲肠球虫病的盲肠血管被寄生虫破坏，流出血液，随粪便排出。渗出性出血可见于多种疾病，多数因病原微生物在血液中繁殖，使血管壁通透性改变而造成，具体表现在局部器官组织有出血点或小的出血斑，例如，鸽新城疫的肌胃角质膜下有斑状出血（或充血）。

（4）贫血。红细胞的数量在血液中不足时称为贫血，表现为黏膜、皮肤苍白。引起贫血的原因较多，主要是失血、溶血（红细胞被致病因子破坏）、营养不良、红细胞再生障碍（多见于慢性中毒）等。

（5）萎缩。器官组织功能减退和体积缩小称萎缩。有病理性萎缩和生理性萎缩之别，如法氏囊（也称腔上囊）可随年龄的增大而缩小是生理性萎缩；如因病而致萎缩的则叫病理性萎缩。

（6）坏死。机体内局部组织细胞的病理死亡称为坏死。坏死主要是由于病原微生物直接破坏细胞及其周围的血液循环所致。具体可分为凝固性坏死（组织坏死后，蛋白质凝固，形成灰白色或灰黄色、较干燥、无光泽的凝固物，如鸽霍乱病肝上所出现的坏死点）和液化性坏死（组织坏死后分解液化，成为脓汁、坏疽、坏死性腐败）。

（7）糜烂与溃疡。坏死组织一经脱落而留下已形成的残层缺损叫作糜烂，较深的缺损称为溃疡。

（8）炎症。当动物机体出现一种防卫性反应即称炎症，具体表现为红、肿、热、痛和功能障碍，发炎的部位还出现变质、渗出、增生 3 种基本病理变化。

（9）败血症。病原微生物进入血液，在其中繁殖并产生毒素，引起严重的全身症状，称为败血症。该症常使血管壁的通透性改变，红细胞渗出，在许多器官造成出血性病变。

（10）肿瘤。机体某一部分细胞发生异常增生，且其生长失去正常控制，而形成肿块，称为肿瘤。它有良性和恶性之分，恶性肿瘤的特点是生长迅速，能向周围组织浸润扩散，能向其他部位转移，对机体危害严重。鸽的恶性肿瘤见于鸽肝癌等。

2. 剖检要求

（1）剖检所需器材。经严格消毒的剪刀、镊子、搪瓷盘、灭菌容器、消毒药液、载玻片、酒精灯、白金耳等，为加强个人防护，应备操作人员所用的消毒手套、帽子、胶鞋、工作服、肥皂、毛巾等。

（2）剖检病例的选择。原则上应选择未经治疗的、临床症状明显的濒死鸽或死亡不超过 4 小时的新鲜死鸽。剖检病例在性别、品种、品系甚至个体大小上应兼顾，使病例具有代表性。剖检数量应根据鸽群结构、初步诊断的结果以及采集病料的需要而定，以获得规律性的病变结论为准。

（3）剖检地点的要求。为了防止污染和病原扩散，原则上剖检应在实验室、兽医诊疗室、剖检室或焚尸炉、污物处理坑旁进行，将病鸽放在搪瓷盘或塑料布上进行剖检。严禁在公棚和鸽舍内或鸽舍旁剖检，不宜在难以清理和消毒的台面、地板上剖检。剖检前应

用清水或消毒药液打湿鸽体，防止羽毛飞散。病死鸽应用不漏水塑料布包扎后运送，剖检完毕，要将尸体、包装物、污染的泥土消毒后深埋处理，对剖检场地严格消毒。

（4）病理剖检注意事项。在鸽临死前剖检，对于已经死亡的鸽尸体，应尽早剖检；尽可能多剖检几只，以便找出规律性的病变，作出正确的诊断。剖检后，应做好人员、用具、器材等清洗消毒工作。如果需要将病料送到鸽舍外进一步诊断，必须附上剖检结果、症状等情况记录。

3. 剖检方法

首先检查病死鸽的外部状况，如羽毛、体况、营养、眼鼻嘴等可视黏膜、爪子和肛门周围的变化并做详细记录。然后用消毒药液湿润尸体，做仰卧位保定，切开大腿和腹壁间的皮肤和筋膜，用力将两大腿向下掰压使两髋关节脱臼，两腿外展固定。随后用剪子自肛门处沿腹中线直剪至颈部，暴露腹胸腔和内脏器官，并检查颈、胸、腹部皮下变化和胸、腿肌肉病变。继而从嗉囊后端切断气管，取出腺胃、肌胃、肝、脾、肠等脏器，再摘下心脏、输卵管、卵巢或睾丸及肺、肾。再由右侧嘴角向后剪开口腔，剖开喉头、气管、食管。最后剪开头部皮肤，打开脑颅骨，露出硬脑膜、软脑膜和脑组织。

图 3–2　赛鸽活体解剖完整内脏

4. 剖检内容（图 3–2）

（1）腹腔。腹腔暴露后、摘出内脏器官前，先观察腹腔的大体变化。腹腔积液呈淡黄色，并有黏稠的渗出物附在内脏表面，可能是腹水症、大肠杆菌病。腹腔中积有血液和凝血块，常见于急性肝破裂，可能为肝脾的肿瘤性疾病、包涵体肝炎等。腹腔器官表面，特别是肝、心、胸系膜等内脏器官两面有一种石灰样白色沉着物，这是尿酸盐沉积的特征。腹腔脏器粘连，并有破裂的卵黄和坚硬卵黄块，这是大肠杆菌、鸽沙门氏菌病等引起的卵巢腹膜炎。

（2）食管和嗉囊。食管黏膜上生成许多白色结节，可能是维生素 A 缺乏或毛滴虫病病灶。嗉囊充满食物，说明该鸽为急性死亡，应根据具体情况进行判断，若有大批发生，可能为中毒或急性传染病。嗉囊膨胀并充满酸臭液体，可见于嗉囊炎症或鸽新城疫。嗉囊黏膜增厚，附着多量白色黏性物质，可能有线虫寄生；若有假膜和溃疡，这是鹅口疮的特征。

（3）腺胃和肌胃。腺胃肿大或发炎，可能是马立克氏病变或是寄生虫引起的。腺胃乳头及黏膜出血，是鸽新城疫的特征。肌胃的角质层应当剥离后观察。腺胃和肌胃的交界处有一条状出血，可以是一种免疫器官受损的急性病毒性传染病。

（4）小肠、大肠及胰腺。从十二指肠到泄殖腔都应剪开，有时也可重点剪开几段肠管检查。观察内容物及黏膜的状态，肠道中有无寄生虫，在哪段肠道，数量多少。小肠黏膜急性卡他性或出血炎症，黏膜呈深红色有出血点，表面有多量黏液性渗出物，常见于鸽新城疫、鸽霍乱、肠炎等。

小肠壁增厚，剖开肠道黏膜外翻，可能是慢性肠炎、鸽沙门氏菌病。小肠黏膜上形成大量灰白色的小斑点，同时肠道发生卡他性或出血性炎症，多见于小肠球虫病。胰腺有体积缩小、较坚实、宽度变窄、厚度变薄等病变，可能是缺硒或缺乏维生素 E。肠壁上形成大小不等的肿瘤状结节，可见于恶性肿瘤、结核病以及严重的绦虫病。盲肠肿大，黏膜呈深红色严重炎症，肠腔内含有血色或血液凝块，这是盲肠球虫病的特征。泄殖腔黏膜呈条状出血，这是慢性或非典型新城疫的表现。

（5）肝脏和脾脏。肝脏的体积、色泽正常，但表面和切面有数量不等的针尖大小的灰白色坏死小点，是鸽霍乱的特征，也见于鸽沙门氏菌病。肝脾色泽变淡，呈弥漫性增生，体积可超过正常数倍，见于马立克氏病。肝稍肿大，表面形成许多界限分明的大小不一的黄色圆形坏死灶，边缘稍隆起，此为鸽传染性盲肠肝炎的特征病变。肝脏的硬度增加，呈黄色，表面粗糙不平，常有胆管增生，见于黄曲霉素中毒。肝或脾出现多量灰白色或淡黄色珍珠结节，切面呈干酪样，见于鸽结核病。肝脏淤血肿大，呈暗紫色，表面覆盖一层灰白色纤维蛋白膜，为大肠杆菌引起的肝周炎。

（6）肾脏和输卵管。肾脏显著肿大，呈灰白色，常见于肾形传染性支气管炎。肾脏肿大，肾小管和输卵管充满白色的尿酸盐石灰样沉着，见于球虫、传染性支气管炎等。

（7）卵巢和输卵管。卵巢形态不整，皱缩，干燥和颜色改变，见于慢性沙门氏菌病、大肠杆菌病或慢性鸽霍乱。卵巢体积增大，呈灰白色，见于卵巢肿瘤。

（8）心脏和心包。心外膜、心内膜或心冠脂肪上有出血点，是一般急性败血症的病变，如急性鸽霍乱、鸽新城疫等。心外膜上有灰白色坏死小点，见于赛鸽沙门氏菌病。心肌变大，心冠脂肪组织变成透明的胶冻样，是严重营养不良的表现。

（9）气囊、气管和肺。气囊、气管和肺充血，见于非典型鸽新城疫。胸腹部气囊混浊，含有灰白色干酪样渗出物，可见于大肠杆菌病。赛鸽的肺和气囊上生成灰白色或黄白色的小结节，常见于曲霉菌病。

5. 送检病鸽及病料

及时采集传染病病料，并送有关兽医检验部门检验，是快速确诊鸽病的有效措施。如果没有条件采集病料，可直接送检病鸽和死亡时间不超过6小时的病死鸽数只。如是病鸽，可直接装箱；如是病死鸽，可将其直接包入不透水的塑料薄膜、油布或数层油线中，装入箱内，送至有关单位检验。如果有条件采集病料送检，需注意以下问题。

（1）要严格按照无菌操作程序进行，并严防病原散播。采集病料的器械需事先消毒。如刀、剪、镊子等可煮沸15分钟消毒。

（2）采集病料的时间，以死后不超过6小时为宜，最好死后立即采集。一套器械与容器只能采取或容装一种病料。

（3）在打开尸体后先采取相应病料，再进行病理检查，或在剖检的同时，无菌采取病原诊断所需的病料组织块、血液、分泌物等。一般按先腹腔后胸腔的顺序采取病料。

（4）应正确保存和包装病料，正确填写送检单。病料送检时间越快越好，以免材料腐败或病原微生物死亡。

第三节　鸽病诊断技术

一、流行病学调查

流行病学调查是鸽病诊断的重要方法，也是公棚和职业鸽舍制定有效的防治对策及措施的依据，尤其在饲喂密度较大的公棚更为重要。

流行病学调查的内容和范围十分广泛，凡与疾病发生发展相关的自然条件和社会因素都在内。诸如鸽舍的位置、规模及周边环境；赛鸽的品种、数量、性别比例；饲喂习惯、饲料种类及来源、饮用水来源；日常消毒情况；免疫接种情况；发病鸽群及个体与未发病鸽群材料；发现病鸽的时间、鸽病发生高峰的时间、鸽病发展趋势；过去有无此类鸽病、过去此类鸽病的发病及防治情况；邻近鸽舍发病情况；当时对该病防治效果等，均在调查之列。

流行病学的调查方式多种多样，一方面可组织座谈会，邀请鸽舍或公棚饲喂人员、管理人员、兽医等座谈，了解发病鸽舍或公棚的饲喂管理情况、鸽病发生发展情况、饲料来源及加工配制过程、引种情况、当地自然环境状况、当地鸽病的发病史等；另一方面可进行现场实地调查，必要时对新鲜病死鸽及濒死鸽进行剖检，掌握鸽群的病情及病鸽的临床症状、病理变化，然后结合座谈了解的一般情况，可以对鸽病作出初步的判断。

流行病学调查和分析的目的是认识疾病并提出应对措施，有时需结合实验室诊断技术，才能最终确诊。一般来说，如为微生物感染，实验室诊断技术应可以查出病原体；寄生虫病，应可以查出虫体或虫卵；中毒性疾病，应可以追溯到毒物来源，断绝毒物来源后，疾病应能控制；管理不善造成的疾病，改善饲喂管理条件后，疾病应能得到缓解和控制。

二、临床检查

鸽病的临床检查是及时正确诊断鸽病的重要手段，主要是对病鸽天然孔的检查，如眼睛、鼻孔、口腔和肛门。此外，对消化系统、呼吸系统和运动功能应进行重点检查。

（1）口腔检查。检查口腔和咽喉黏膜的颜色，有无黏液、溃疡、假膜及异常味道。黏膜型鸽痘、鹅口疮、毛滴虫病、口腔炎和咽喉炎等疾病，口腔和咽喉的黏膜常出现潮红、白色或黄色干酪样病灶、溃疡或白色假膜等。维生素缺乏时，这些部位常有针头大小的白色结节（图 3-3）。

图 3-3　鸽口腔黏膜鸽痘

（2）眼睛检查。患皮肤型鸽痘时，眼睛周围有痘疹。眼型沙门氏菌可以引起鸽的眼睛发炎红肿和分泌物增加，严重者可导致单侧或双侧眼睛失明。有机磷农药和阿托品中毒时，分别引起瞳孔缩小和扩大（图 3-4 、图 3-5）。

（3）鼻瘤和呼吸系统检查。健康鸽的鼻瘤洁净，呈白色。若出

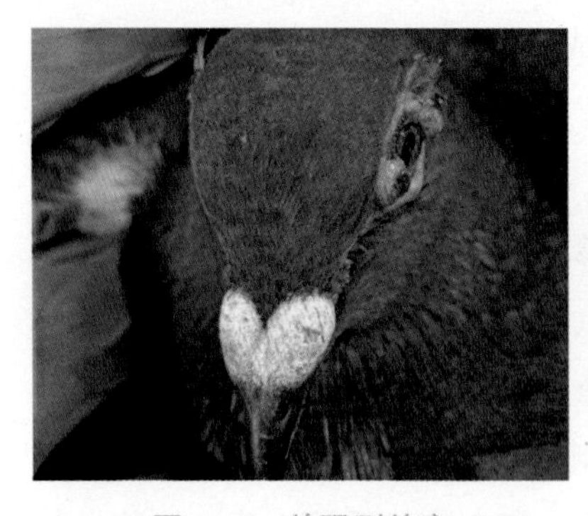

图 3-4　鸽眼型鸽痘

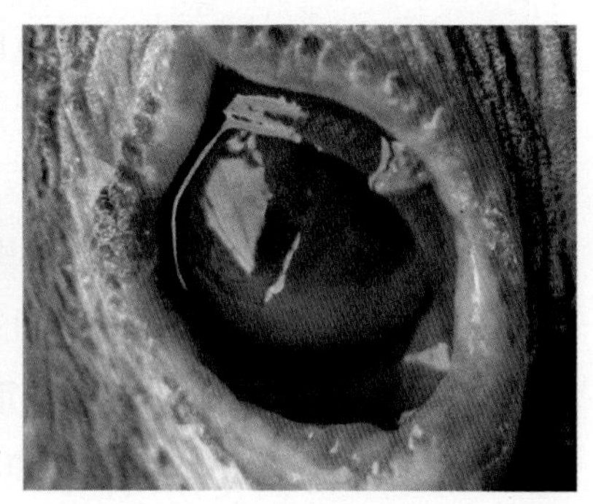

图 3-5　鸽眼型沙门氏菌引起的失明

现鼻瘤潮湿、白色减退，鼻孔有浆液性分泌物等症状，可能是感冒、鼻炎、副伤寒和鸟疫等疾病所致。赛鸽正常的呼吸次数为每分钟 30~40 次，若患鼻炎、喉气管炎、肺炎、丹毒病、曲霉菌病和鸟疫等疾病时，可能出现咳嗽、打喷嚏、气喘、气囊啰音和呼吸困难等症状（图 3-6）。

图 3-6　赛鸽张口呼吸

（4）嗉囊检查。用手摸赛鸽的嗉囊，可以略知其消化功能状况。正常情况下，赛鸽进食 3~4 小时后，饲料向下移动而使嗉囊缩小，否则就说明赛鸽消化不良或者有嗉囊病。嗉囊病有两种：一种是摸着硬，可能是硬性食物梗塞所致，或由某些传染病引起的嗉囊积食；另一种是摸着软，倒提赛鸽时，口中流出酸臭液体的软嗉囊病，常由长期积食造成（图 3-7）。

（5）肛门和泄殖腔检查。鸽新城疫、胃肠炎、鸟疫和副伤寒等疾病常引起赛鸽腹泻，粪便沾染肛门周围的羽毛。皮肤型鸽痘常引起赛鸽肛门周围出现痘疹。患鸽霍乱、胃肠炎等疾病，赛鸽的泄殖腔可能充血或有点状出血。

（6）皮肤和体温检查。观察皮肤的颜色是否正常，有无损伤和肿瘤。鸟疫和丹毒病可导致皮肤发绀。赛鸽正常体温范围是 40.5~42.5℃，除捕捉和烈日照射可以引起体温升高外，鸽霍乱、

图 3-7　赛鸽嗉囊积水

肺炎等都可以引起赛鸽体温升高。

（7）运动功能检查。除骨折、骨骼损伤和关节脱臼直接引起运动障碍外，鸽新城疫、副伤寒、丹毒、关节炎、神经性疾病、有机磷农药、呋喃类药物和食盐等中毒，都可能引起双脚无力，单侧或双侧翅膀麻痹，共济失调，飞行和行走困难等症状。通过以上各项检查和综合分析后，对疾病可以做出初步诊断。仍不能确诊的疾病，必须进行实验室检查。

（8）粪便检查。不同的鸽病其病理表现不同，在一定程度上可依据粪便的性状诊断疾病。病鸽的粪便表现有血性粪便、白色粪便、绿色粪便、水样下痢等区别。发现肠道的血细胞、寄生虫、虫卵等，从而确诊胃肠出血及肠道寄生虫。

三、病原学检查

对鸽传染病和寄生虫进行病原学检查是确诊疫病的依据，同时也是制定正确防治措施的根据。由于细菌、病毒、寄生虫的生活特性不同，病原学检查的方法也各异。

1. 细菌学检查

通常在显微镜下检查细菌的染色形态，分离培养细菌，观察其培养特点，以及对分离的细菌进行生化试验，从而鉴定细菌。

（1）细菌形态检查。将病料涂片、触片自然干燥或用甲醇固定后，做染色镜检观察形态。常用的细菌染色方法有革兰氏染色法、碱性美兰染色法、抗酸染色法、姬姆萨氏染色法等，真菌病料可制成压片、螺旋体病料可制成悬滴标本直接镜检，可分别见到菌丝、孢子和运动的螺旋体。

（2）细菌分离培养。多数病原菌可在普通琼脂培养基、血液（血清）琼脂培养基和厌气肉肝琼脂培养基上生长并呈现菌落特征；真菌可在沙氏琼脂上生长，支原体可在加有血清（马、猪）的合成琼脂上生长。通常先作画线、培养，然后挑选单个典型菌落进行分离培养与鉴定。

（3）病原菌鉴定。通常可根据病原细菌的形态特征、培养特性、生化特点和定型血清交叉试验等进行，同时，也可通过动物致病性试验鉴定其病原性。

2. 病毒学检查

（1）病料处理。取保存的病料置于5~10倍体积的灭菌生理盐水中洗去保存残液，然后置于5~10倍病料体积含双抗（青霉素、链霉素各500毫克/毫升）的生理盐水中制成匀浆悬液，低速离心后上清液即为病毒分离材料，置于-30℃条件下保存备用。

（2）病毒分离培养。

① 鸽胚培养。多数病毒特别是鸽病毒，可通过绒毛尿囊膜、尿囊腔、羊膜囊、卵黄囊等不同途径，接种不同日龄鸽胚而生长繁殖，多数病毒还能形成胚胎病变，如致死、水肿、出血、病斑等，然后收取胚液、胚体，即为含毒物，置于-30℃条件下保存备用。

② 细胞培养。通常根据病毒的培养特性、电镜检查、特性检查（理化特性、生物学特性）和免疫血清学检查鉴定，同时，也可回归赛鸽作病原性鉴定。

3. 寄生虫学检查

（1）虫体检查。可将剖检时采集的体内、体外虫体标本（蛔虫、绦虫、线虫和蜱、螨、虱等）在放大镜、显微镜下进行检查鉴定；有些小体虫如吸虫、球虫也可利用粪便检查鉴定。

（2）蠕虫病虫体检查。简单常用的检查方法有两种：一种是直接涂片法，即在载玻片上滴少许5%甘油生理盐水，加上少许新鲜粪便混匀成粪液，盖上盖玻片后镜检，此法检出率不高；另一种是集卵法。利用虫卵在清水中下沉和在饱和盐水中上浮的特性收集后镜检，可提高检出率。其一是沉淀法，即取粪便3~5克加清水稀释搅匀成粪水，用铜筛网过滤除去粪渣，滤液静置30分钟，弃去上清液，沉淀渣用水反复洗数次直到上清液透明，取沉淀镜检，本法适用于检查吸虫卵。其二是漂浮法，即取粪便5克，加入饱和食盐水50毫升，搅匀后用铜筛网过滤除去粪渣，滤液静置30分钟，虫卵上浮后用白金耳勾取表层液膜置于载玻片上镜检。本法适用于线虫卵、球虫卵囊检查。

（3）原虫病检查。寄生于鸽的原虫有血液原虫、消化道原虫和组织原虫等。

① 血液原虫检查法。采取血液涂片，干后用无水中性甲醇固定，用姬姆萨液染色后镜检。

② 消化道原虫检查法。取少许新鲜带血粪便，置于滴有一滴生理盐水的载玻片上，混匀涂片，盖上盖玻片镜检，本法适用于检查毛滴虫、球虫等。

③ 组织原虫检查法。取组织病料作抹片、触片或制成组织切

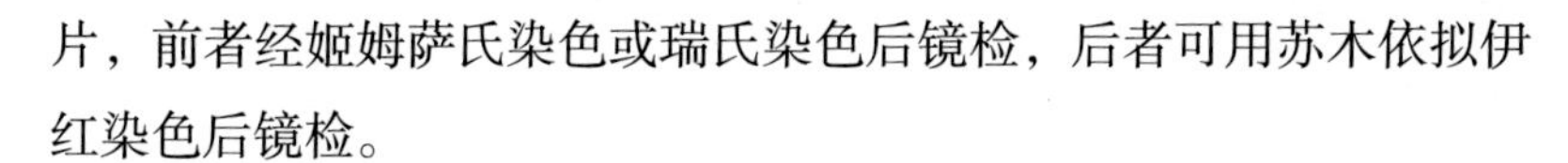

片，前者经姬姆萨氏染色或瑞氏染色后镜检，后者可用苏木依拟伊红染色后镜检。

四、鸽病的简易诊断

赛鸽的体型小，生病后死亡率较高，平时应细心观察，尽早发现病鸽，以便及时治疗与处理。健康鸽精神饱满、活泼机敏，全身羽毛丰满整洁，具有光泽而富含脂质；双目明亮而有神，无眼泪或眼屎；鼻瘤干净，有弹性，呈浅红色或粉红色，鼻孔润滑，稍显湿润；嘴湿润干净，无臭无黏液或污秽物，呼吸平稳（30~40 次 / 分钟），呼吸时不带声音；粪便呈浅褐色或灰色，较硬，形如条状或螺旋状，粪便上面有白色附着物；泄殖腔周围与腹下绒毛洁净而干燥；行走步伐平稳，双翅有力，时飞时落，食欲旺盛（有抢食现象）等。若发现与以上的情况不相同时，即为异常表现，可怀疑或确定赛鸽患病。

一般来说，患病的赛鸽具体有如下异常表现。

（1）精神委顿，反应迟缓，缩颈弓背，无精打采，不爱运动，羽毛竖立且蓬乱无光，翅膀下垂，避光喜暗，离群独处。

（2）病鸽体型消瘦，呼吸浅表急促，呼吸时喘鸣或从喉头器官发出异常的声音。双目无神，或闭目似睡，有时还会出现浆液、黏液性或脓性分泌物，眼结膜色泽异常，眼睑肿胀发炎。有的病鸽出现扭头曲颈，甚至身体滚转、角弓反张、跛行摇晃、瘫痪卧地等。

（3）鼻瘤色泽暗淡，潮湿污秽，肿胀无弹性，手触有冷感，鼻孔过干或不时流出浆性、黏性及脓性鼻液。口腔黏膜过干、发臭，有的口腔流出黏液，时时打哈欠等。

（4）病鸽食欲不振，减食或不食，但喜饮水或狂饮水，母鸽不哺育幼鸽。粪便松软，含水量多，严重者排灰白、灰黄或绿色稀便，恶臭难闻，甚至排红色和黑色血便。若出现上述粪便时，则可见泄殖腔周围的羽毛上粘有粪污。

第四节　光学显微镜的使用基本知识

当前中国赛鸽运动发展到了一定的高度，对赛鸽疾病的判断不再单纯依靠经验了。公棚和职业鸽舍使用光学电子显微镜对种鸽和赛鸽进行常规化验与检测分析技术已经开始逐步推广，赛鸽毛滴虫、球虫、沙门氏菌、大肠杆菌、沙门氏菌、衣原体、支原体和新城疫病毒均可使用光学、电子显微镜进行观察，并通过病料中病菌感染数量和指标判断赛鸽健康评估数据，避免了盲目用药和误诊，对鸽病临床诊断具有重大意义。

一、工作原理

外表为曲面的玻璃或其他透明资料制成的光学透镜可以使物体扩大成像。光学显微镜就是使用这一原理把细小物体扩大到人眼足以观查的尺度。近代的光学、电子显微镜普通选用两级扩大，分别由物镜和目镜完结。被调查物体 AB 坐落物镜的前方，被物镜作榜首级扩大后成一倒竖的实像 A1B1。然后此实像再被目镜作第二级扩大，成一虚像 A2B2，人眼看到的就是虚像 A2B2。

1. 显微镜的总扩大倍率

显微镜总扩大倍率＝物镜扩大倍率 × 目镜扩大倍率

扩大倍率是指直线尺度的扩大比而不是面积比。在用人眼直接调查的显微镜中，可以在实像面 A1B1 处放置一块薄型平板玻璃片，其上刻有某种图画的线条，如十字线。当实像 A1B1 和这些刻线叠合在一同时，使用这些刻线就能对物体进行瞄准定位或尺度丈量。这种放置在实像面处的薄型平板玻璃片通称分划板。在新式的以光电元件作为接纳器的光学显微镜中，电视摄像管的靶面或其他光电元件的接纳面就设置在实像面上。

2. 组成

光学显微镜由载物台、聚光照明体系、物镜、目镜和调焦组织组成。

（1）载物台。用于承放被调查的物体。使用调焦旋钮可以驱动调焦组织使载物台作粗谐和微调的升降运动，使被调查物体调焦明晰成像。它的上层可以在水平面内沿、方向作精细挪动和在水平面内转变，把被调查的部位调放到视场中间。

（2）聚光照明体系。由灯源和聚光镜构成。当被调查物体自身不发光时，由外界光源处以照明。照明灯的光谱特性有必要与显微镜的接纳器的任务波段相适应。聚光镜的功用是使更多的光能会集到被调查的部位。

（3）物镜。坐落被调查物体邻近完成榜首级扩大的镜头。在物镜转换器上一同装着几个异样扩大倍率的物镜。转变转换器可让异样倍率的物镜进入任务光路。物镜扩大倍率普通为 5~100 倍。物方视场直径（即经过显微镜能看到的图画规模）为 11~20 毫米。物镜扩大倍率越高则视场越小。物镜是显微镜中对成象质量好坏起决定性效果的光学元件。

① 能对两种色彩的光线校对色差的消色差物镜。

② 质量更高的能对三种色光校对色差的复消色差物镜。

③ 能包管物镜的整个像面为平面以进步视场边际成像质量的平像场物镜。为了进一步显微调查的分辨率，在高倍物镜中选用浸液物镜，即在物镜的下外表和标本片的上外表之间填充折射率为 1.5 左右的液体。

（4）目镜。坐落人眼邻近完成第二级扩大的镜头。目镜扩大倍率普通为 5~20 倍。

（5）调焦组织。载物台和物镜两者有必要能沿物镜光轴方向作相对运动以完成调焦，获得明晰的图画。用高倍物镜任务时，容许的调焦规模往往小于微米，所以显微镜有必要具有极为精细的微动调焦组织。

3. 显微镜扩大倍率的极限

显微镜扩大倍率的极限即有用扩大倍率。仪器的分辨率是指仪器供给被测对像微细布局信息的才能。分辨率越高则供给的信息越详尽。显微镜的分辨率是指能被显微镜明晰区别的两个物点的最小距离。

依据衍射理论，显微物镜的分辨率为：

sigma=0.61lamda/N.sinU　　　　式（1）

式中 lamda 为所用光波的波长；N 为物体地点空间的折射率，物体在空气中时 N=1；U 为孔径角，即从物点宣布能进入物镜成像的光线锥的锥顶角的半角；NsinU 称为数值孔径。当波长 λ 一守时，分辨率取决于数值孔径的巨细。数值孔径越大则能分辨的布局越细，即分辨率越高。数值孔径是显微物镜的一个重要功用指标，普通与扩大倍率一同标示在物镜镜筒外壳上，例如，40×0.65 表明物镜的扩大倍率为 40 倍，数值孔径为 0.65。

分辨率和扩大倍率是两个异样的但又互有联络的概念。当选用的物镜数值孔径不够大，即分辨率不够高时，显微镜不能辨明物体的微细布局，此刻即便过度地增大扩大倍率，得到的也只能是一个概括虽大但细节不清的图画。这种过度的扩大倍率称为无效扩大倍率。反之若是分辨率已满意要求而扩大倍率缺乏，则显微镜虽已具有分辨的潜在才能，但因图画太小而依然不能被人眼明晰视见。为了充分发挥显微镜的分辨才能，应使数值孔径与显微镜总扩大倍率合理匹配，以满意下列条件。

500NsinU <显微镜总扩大倍率< 1000NsinU　　　式（2）

在此规模内的扩大倍率称为有用扩大倍率。由于 sinU 永久小于 1，物方空间折射率 N 最高约为 1.5，NsinU 不可能大于 1.5，故光学显微镜的分辨率受式 1 约束，具有必定的极限。有用扩大倍率受上式约束，普通不超越 1500 倍。显微镜使用者应由所需分辨的最小尺度按式 1 断定所需的数值孔径，选定物镜，然后按式（2）选定总扩大倍率和目镜扩大倍率。

进步分辨率的方法是：选用较短波长的光波或增大孔径角 U 值，或是进步物体地点空间的折射率 N，例如在物体地点空间填充折射率为 1.5 的液体。以这种方法任务的物镜称为浸液物镜。而电子显微镜正是使用波长极短的特性，在进步分辨率方面获得重大突破的。

4. 聚光照明体系对显微调查的影响

聚光照明体系是对显微镜成像功用有较大影响但又易于被使用者无视的环节。它的功用是供给亮度满足且均匀的物面照明。聚光镜发来的光束应能包管充溢物镜孔径角，不然就不能充分使用物镜所能抵达的最高分辨率。为此意图，在聚光镜中设有相似照相物镜中的可以调理开孔巨细的可变孔径光阑，用来调理照明光束孔径，以与物镜孔径角匹配。调查高反差物体时，宜使照明光束充溢物镜的全孔径；关于低反差物体，宜使照明光束充溢物镜的 2/3 孔径。在较完善的柯勒照明体系中，除可变孔径光阑外，还装有操控被照明视场巨细的可变视场光阑，以包管被照明的物面规模与物镜所需的视场匹配。物面被照明的规模太小当然不可，过大则不只剩余，乃至有害，由于有用视场以外的剩余的光线会在光学零件外表和镜筒内壁屡次反射，最终作为杂散光抵达像面，使图画的反差下落。

改动照明方法，可以获得亮布景上的暗物点（称亮视场照明）

和暗布景上的亮物点（称暗视场照明）等异样的调查方法，以便在异样情况下更好地发现和调查微细布局。

二、显微镜的正确使用方法及注意事项

1. 显微镜的使用方法

（1）低倍镜的使用方法。

① 取镜和放置。显微镜平常存放在柜或箱中，用时从柜中取出，右手紧握镜臂，左一手托住镜座，将显微镜放在本人左肩前方的试验台上，镜座后端距桌边1~2寸（1寸≈3.33厘米）为宜，便于坐着操作。

② 对光。用拇指和中指挪动旋转器（切忌手持物镜挪动），使低倍镜对准镜台的通光孔（当转变听到碰叩声时，阐明物镜光轴已对准镜筒中间）。翻开光圈，上升集光器，并将反光镜转向光源，以左眼在目镜上调查（右眼张开），一起调理反光镜方向，直到视界内的光线均匀亮堂停止。

③ 放置玻片标本。取一玻片标本放在镜台上，必定使有盖玻片的一面朝上，切不可放反，用推片器绷簧夹夹住，然后旋转推片器螺旋，将所要调查的部位调到通光孔的正中。

④ 调理焦距。以左手按逆时针方向转变粗调理器，使镜台缓慢地上升至物镜距标本片约5毫米处，应注重在上升镜台时，切勿在目镜上调查。必定要从右侧看着镜台上升，避免上升过多，形成镜头或标本片的损坏。然后，两眼一起张开，用左眼在目镜上调查，左手顺时针方向缓慢转变粗调理器，使镜台缓慢下落，直到视界中呈现明晰的物像停止。

若是物像不在视界中间，可调理推片器将其调到中间（注重挪动玻片的方向与视界物像挪动的方向是相反的）。若是视界内的亮度不合适，可通过升降集光器的方位或开闭光圈的巨细来调理，若

是在调理焦距时，镜台下落已超越任务间隔（>5.40 毫米）而未见到物像，阐明此次操作失利，则应从头操作，切不行心急而盲目地上升镜台。

将光学显微镜索尼摄像机数据采集棒插入电脑 USB 插口，打开电脑桌面，点击桌面安装的电子显微镜成像快捷方式，进入操作捕获界面，看到刚才调试的待检物清楚呈现在电脑显示器上，则可进行病原菌判断。

（2）高倍镜的使用方法。

① 选好方针。必定要先在低倍镜下把需进一步调查的部位调到中间，一起把物象调理到最明晰的程度，才可进行高倍镜的调查。

② 转变变换器，互换上高倍镜头，变换高倍镜时转变速度要慢，并从旁边面进行调查（避免高倍镜头磕碰玻片），如高倍镜头碰到玻片，阐明低倍镜的焦距没有调好，应从头操作。

③ 调理焦距。变换好高倍镜后，用左眼在目镜上观查，此刻一般能见到一个不太明晰的物像，可将细调理器的螺旋逆时针转动 0.5~1 圈，即可取得明晰的物像（切勿用粗调理器）。

若是视界的亮度不合适，可用集光器和光圈加以调理，若是需求替换玻片标本时，有必要顺时针（切勿转错方向）转变粗调理器使镜台下落，方可取下玻片标本。

（3）油镜的运用方法。

① 在运用油镜之前，有必要先经低、高倍镜观查，然后将需进一步扩大的局部移到视界的中间。

② 将集光器上升到最高方位，光圈开到最大。

③ 转变变换器，使高倍镜头离开通光孔，在需调查部位的玻片上滴加一滴香柏油，然后渐渐转变油镜，在变换油镜时，从旁边面水平凝视镜头与玻片的间隔，使镜头浸入油中而又不以压破载玻

片为宜。

④ 用左眼看目镜，并渐渐转变细调理器至物像明晰停止。

若是不呈现物像或物像不理想想要重找，在加油区之外重找时应按：低倍→高倍→油镜顺序。在加油区内重找应按：低倍→油镜顺序，不得经高倍镜，避免油沾污镜头。

⑤ 油镜运用结束，先用擦镜纸蘸少量二甲苯将镜头上和标本上的香柏油擦去，然后再用干擦镜纸擦洁净。

2. 显微镜运用的注重事项

（1）持镜时有必要是右手握臂、左手托座的姿态，不能单手提取，避免零件掉落或磕碰到其他落地。

（2）轻拿轻放，不能把显微镜放置在试验台的边际，避免碰翻落地。

（3）保持显微镜的卫生，光学和照明表面只能用擦镜纸擦洗，切忌口吹手抹或用布擦，机械部位用布擦洗。

（4）水滴、酒精或其他药品切勿触摸镜头和镜台，若是沾污应立即擦净。

（5）放置玻片标本时要对准通光孔中心，且不能反放玻片，避免压坏玻片或碰坏物镜。

（6）不要随意取下目镜，以避免尘土落入物镜，也不要随意拆开各种零件，以防损坏。

（7）使用结束后，要恢复原状放回镜箱内，其步调是：取下标本片，转变旋转器使镜头离开通光孔，下落镜台，平放反光镜，下落集光器（但不要触摸反光镜）、封闭光圈，推片器回位，盖上绸布和外罩，放回试验台柜内。最终填写使用登记表。

3. 如何排除显微镜中的小故障?

显微镜的使用过程中会出现这样那样的故障，导致我们在观察

物体时出现不佳的观察效果，因此应该科学排除显微镜故障。

（1）显微镜的视场模糊。

（2）显微镜观察时双像不重合。

（3）观察显微镜时，图像不清晰。

当遇到上面的问题的时候是不要手忙脚乱，其实这些问题都是能解决的。

当视物比较模糊或者有脏物的时候，可能的主要原因是标本上有脏物，目镜表面有脏物，物镜表面有脏物，工作板表面有脏物。可以擦拭目镜、物镜等。

双像不重合最大的原因可能是因为瞳距调节不正确或者是视度调节不正确，可以重新调节它们的间距即可。

图像不清晰的时候是因为物镜表面有脏物；变焦的时候图像不清晰或许会导致视度调整不准确。这个时候必须要把物镜擦拭干净或者重新调节视度就可以了。

第五节　显微镜下病原彩色图谱

通过赛鸽专用的光学电子显微镜，我们可以准确地在电脑上找到相关致病原并科学判定，是否需要和执业兽医师讨论用药处置。我们现在就赛鸽相关病原菌的化验和检测进行重点阐述，以便进一步指导广大鸽友科学防控鸽病。

1. 鸽巴拉米哥病毒的检测与化验

鸽巴拉米哥病毒又称鸽Ⅰ型副黏病毒病，俗称鸽新城疫或鸽瘟。

为了与鸽新城疫病毒区别，赛鸽上称为“鸽巴拉米哥”病毒。本病是一种高度接触性、败血传染病，本病对我国赛鸽界的危害极大（图 3–8）。

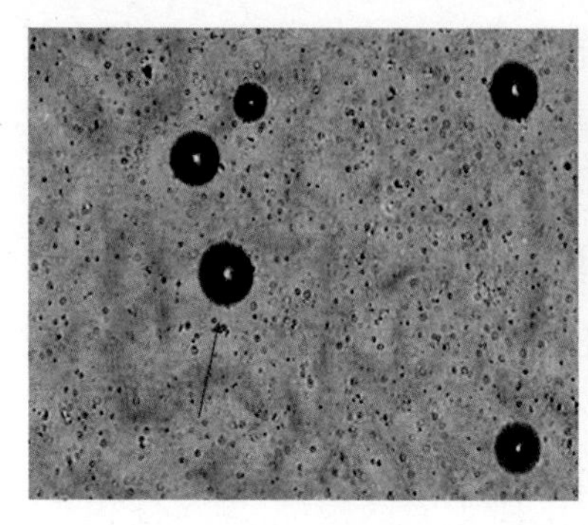
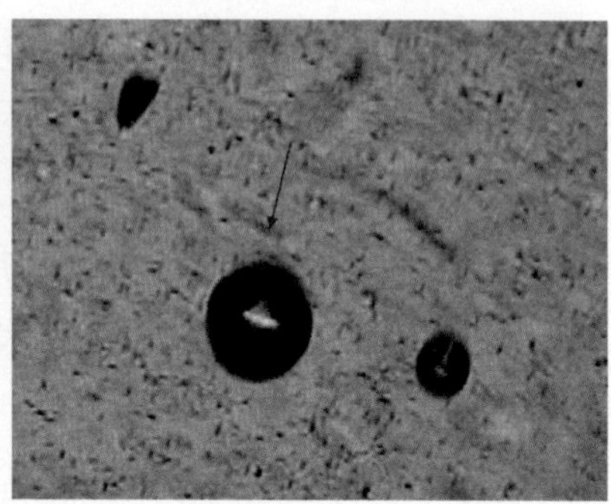

图 3–8　显微镜下新城疫病毒包涵体

2. 鸽衣原体的检测与化验

衣原体病又称鸟疫、鹦鹉热、微浆菌、单眼伤风，是鸽和鸟类的一种接触性传染病。在自然情况下，野鸟特别是鹦鹉的感染率较高，所以称为鹦鹉热。本病是一种人兽共患病，长期与发病赛鸽接触时要做好相应的防护（图 3–9）。

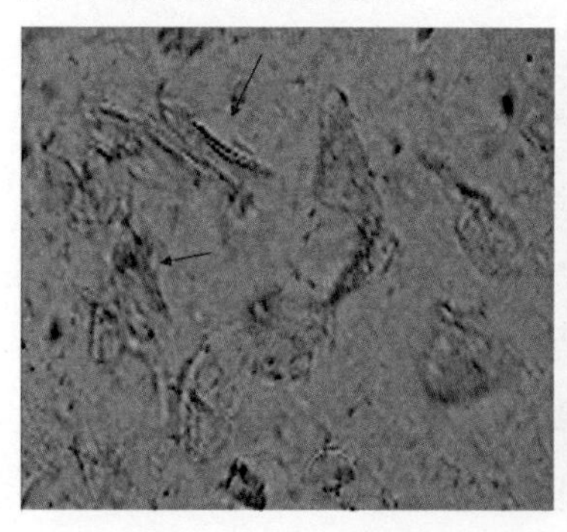
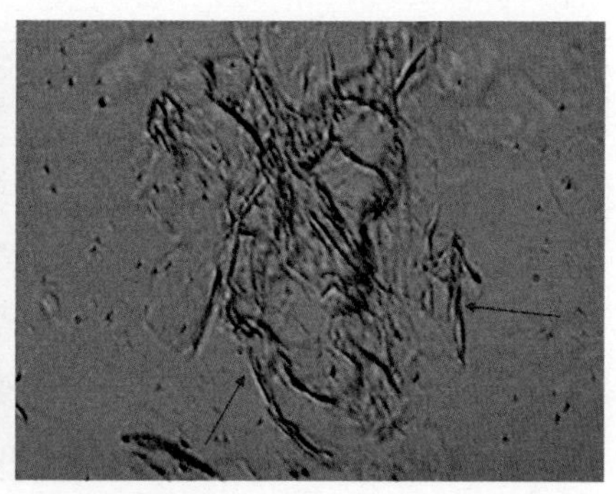

图 3–9　显微镜下衣原体形态

3. 鸽支原体的检测与化验

鸽支原体病又叫慢性呼吸道病、霉形体病，是以呼吸系统器官炎症为特征的一种慢性传染病，特点是有呼吸啰音，气囊炎，病菌在肾脏病变后形成花斑肾，病程长，死亡率低（图 3-10）。是一种普遍存在于赛鸽中的疾病。赛鸽感染后严重影响比赛成绩。

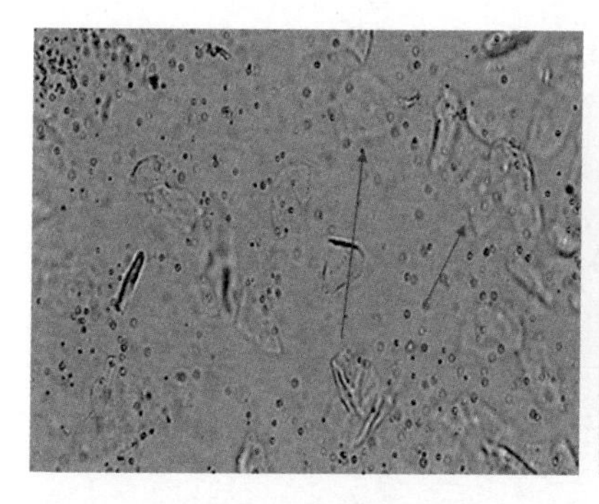
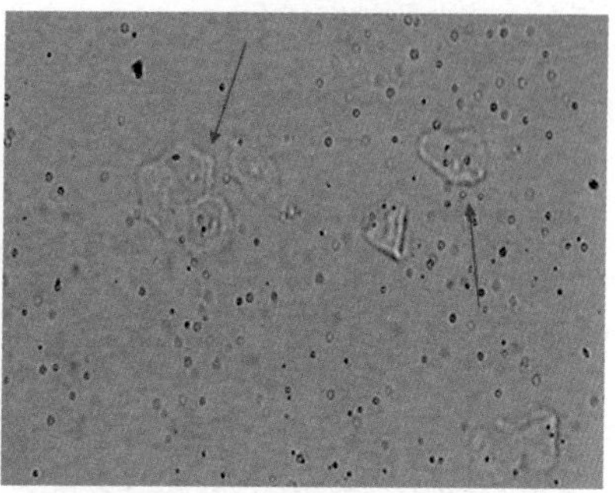

图 3-10　显微镜下支原体形态

4. 鸽霉菌的检测与化验

曲霉菌病是真菌中的曲霉菌引起的鸽的一种真菌性传染病。该病的特征是呼吸困难和下呼吸道（肺及气囊）有粟粒大、黄白色结节，所以，又叫曲霉性肺炎（图 3-11）。

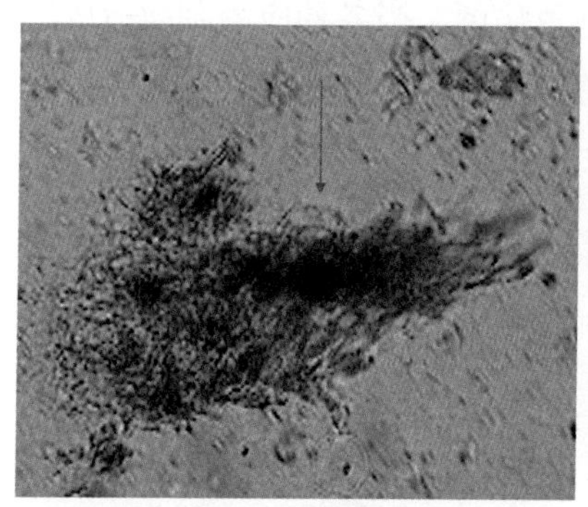
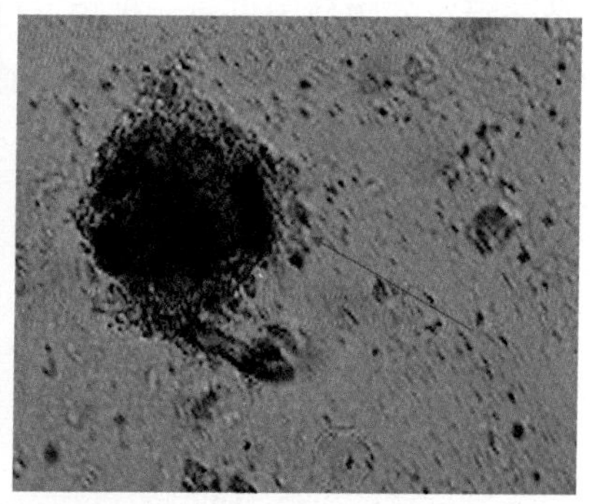

图 3-11　显微镜下霉菌菌团形态

5. 鸽沙门氏菌的检测与化验

是由肠杆菌科、沙门氏菌属中多种细菌引起的一类病的总称。

现今已经在赛鸽上发现的沙门氏菌病包括伤寒沙门氏菌、副伤寒沙门氏菌、亚利桑那菌病、鼠疫沙门氏菌、神经性沙门氏菌、眼型沙门氏菌、翅和关节型沙门氏菌，尤其是副伤寒，已成为鸽常见和重要的细菌性疾病（图 3–12）。

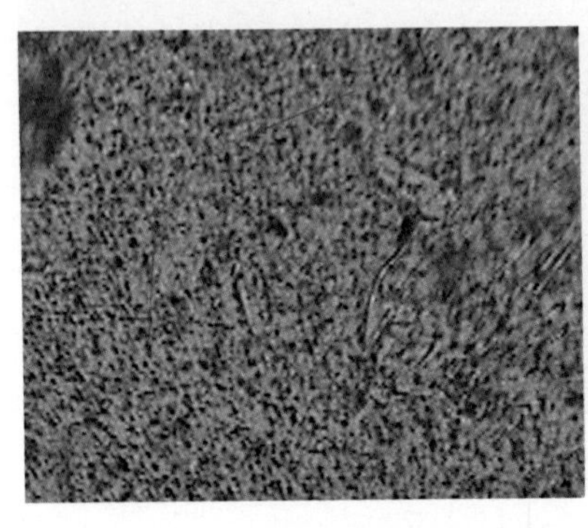
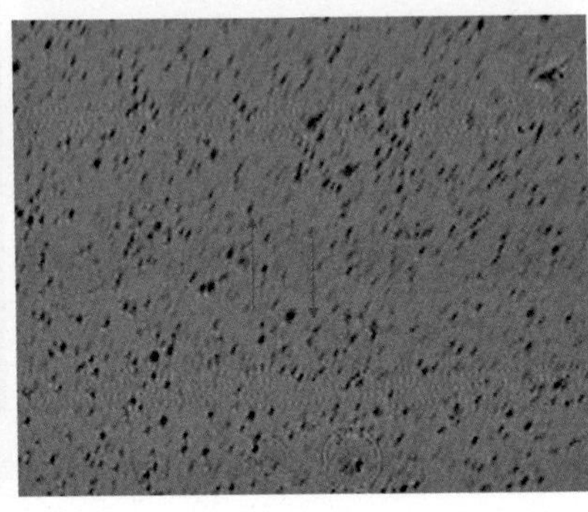

图 3–12　显微镜下致病性沙门氏菌形态

6. 鸽大肠杆菌的检测与化验

本病是由埃希氏大肠杆菌感染所引起的鸽病的总称。赛鸽大肠杆菌病在我国各地公棚和职业鸽舍屡有发生和流行，主要危害当年参赛鸽。大肠杆菌也是一种条件性致病菌，当各种应激刺激造成鸽体的免疫功能降低时，就会发生感染，因此，在临床上常常成为赛鸽其他疾病的并发菌（图 3–13）。

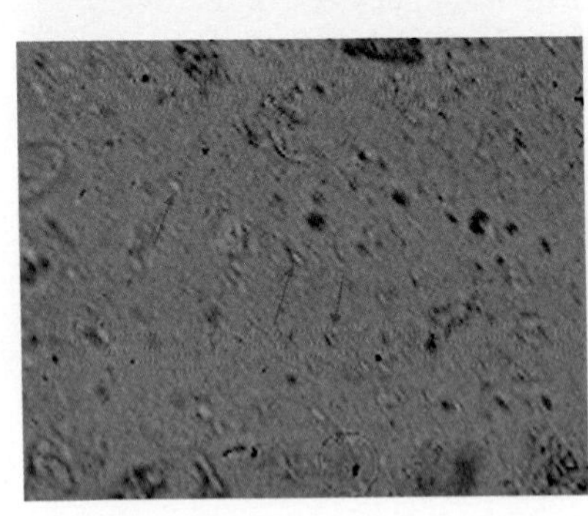
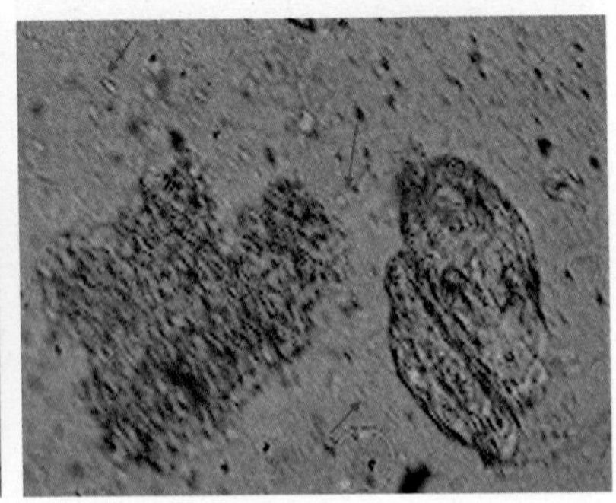

图 3–13　显微镜下致病性大肠杆菌形态

7. 鸽毛滴虫的检测与化验

本病又称“口癀”。是常见的鸽病之一，病原是毛滴虫，虫体呈梨形，移动迅速，长5~9微米，宽2~9微米（图3-14）。最常见的特征变化是口腔和咽喉黏膜形成粗糙纽扣状的黄色沉着物；湿润者，称为湿性溃疡；呈干酪样或痂块状则称为干性溃疡。脐部感染时，皮下形成肿块，呈干酪样或溃疡性病变；波及内脏器官时，便引起黄色粗糙界线明显的干酪样病灶，导致实质器官组织坏死。

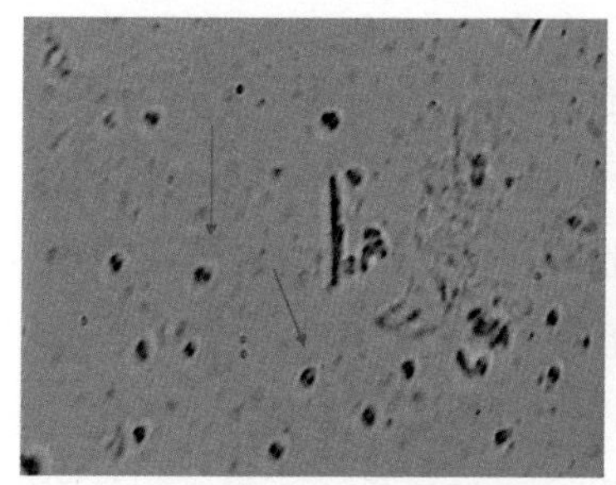
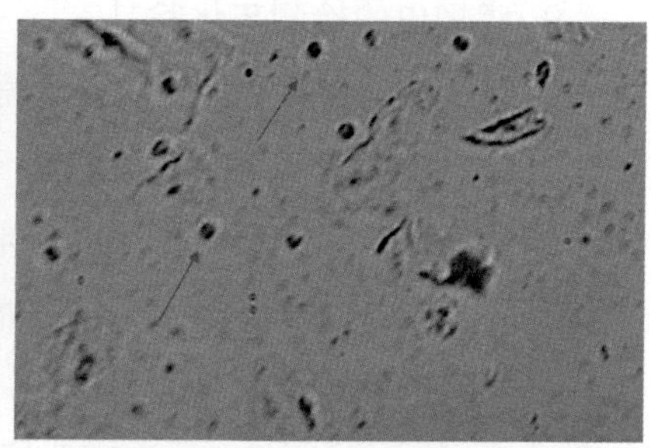

图3-14 显微镜下毛滴虫形态

8. 鸽球虫的检测与化验

鸽球虫病是由艾美耳属的球虫引起的肠道疾病，特征是病鸽排水样绿色便，肠道充血或出血等（图3-15）。发病赛鸽一般表现羽

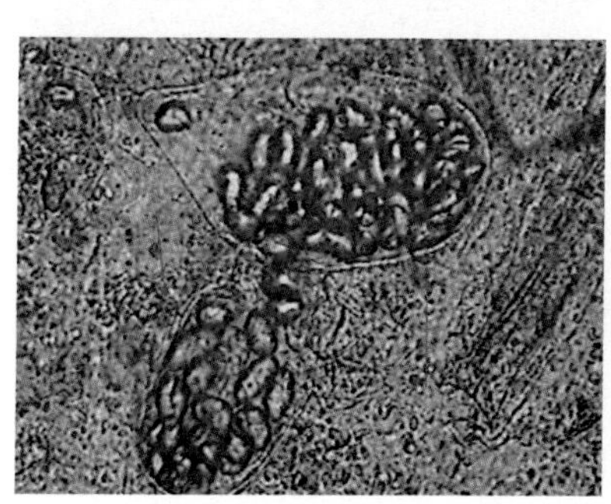
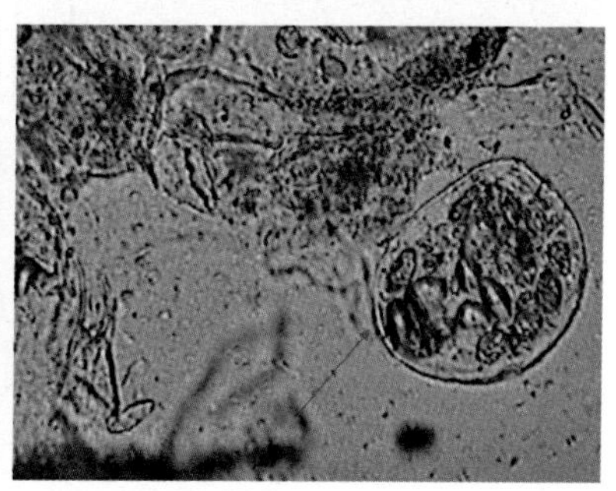

图3-15 显微镜下球虫形态

毛脏乱，消化不良，食欲减退，饮水增加，机体消瘦，飞翔无力。排黏液水样绿色恶臭稀粪，某些病例可见黑褐色带血的稀粪。由于肠黏膜受到破坏而使吸收的水量减少40%~60%，患鸽往往表现脚干和眼睛下陷的失水现象。严重者几天至十几天即可死亡，刚离开家的幼鸽受害严重，死亡率会较高。有的由于抵抗力降低及肠道严重损伤引起继发性细菌感染，从而使病情加重。抵抗力强或大龄鸽会慢慢恢复。

9. 鸽蛔虫的检测与化验

鸽蛔虫病是赛鸽常见的一种内寄生虫病，虫体寄生于鸽的小肠（有时也寄生在食道、腺胃、肌胃、肝脏或体腔），摄取营养物质，破坏肠壁细胞，影响肠道的消化吸收功能，并产生有毒代谢产物，导致赛鸽发病，明显消瘦，消化功能障碍，生长发育受阻，长羽不良，严重的也可导致死亡（图3-16）。

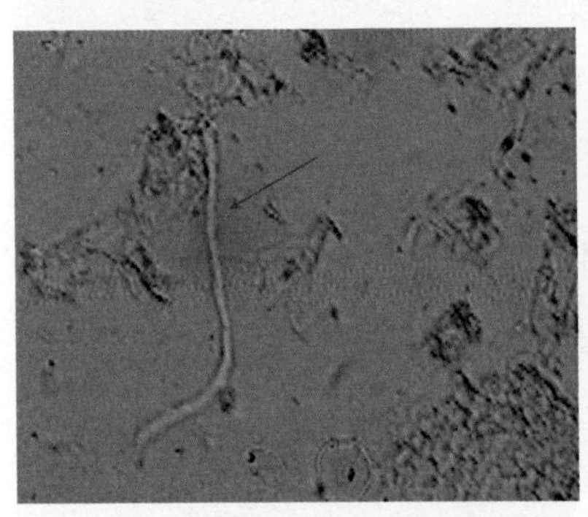
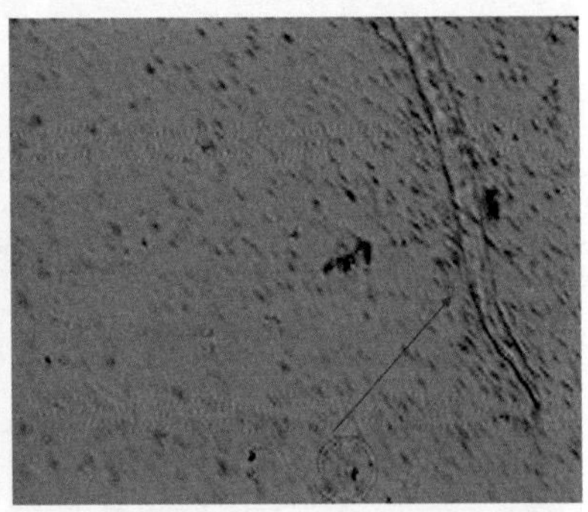

图3-16　显微镜下蛔虫形态

10. 鸽线虫的检测与化验

赛鸽的线虫病有毛细线虫和鸟圆线虫、锐形线虫、四棱线虫、尖旋线虫病。幼鸽患本病一般不表现任何症状，严重感染时，表现食欲消失，大量饮水，精神沉郁，羽毛松乱，低头闭目，消化紊乱，腹部不适。开始时呈间歇性下痢，继而呈相当稳定性下痢，随后下痢加剧，或排出红色黏液样粪便，还出现皮肤干燥和严重贫血。病鸽很快消瘦。重症的幼鸽 1 周后严重脱水，昏迷衰竭死亡。如感染捻转毛细线虫时，因主要是嗉囊受损，外表可见嗉囊膨大，使颈部迷走神经受压迫，导致呼吸困难、运动失调及麻痹而死（图 3–17）。

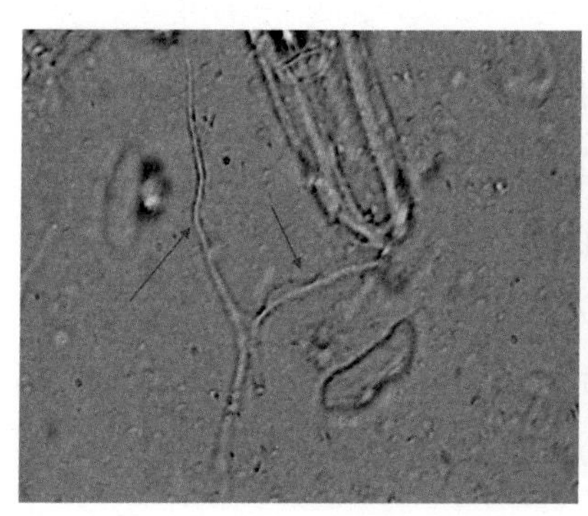
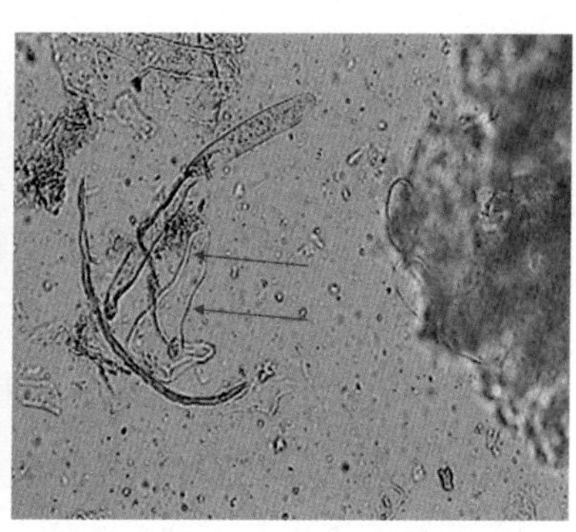

图 3–17 显微镜下线虫形态

11. 鸽绦虫的检测与化验

赛鸽绦虫病有戴文绦虫、赖利绦虫两种。患鸽经常发生腹泻，粪中含黏液或带血，高度衰弱，消瘦，有时从两腿开始麻痹，逐渐发展波及全身以至死亡（图 3–18）。

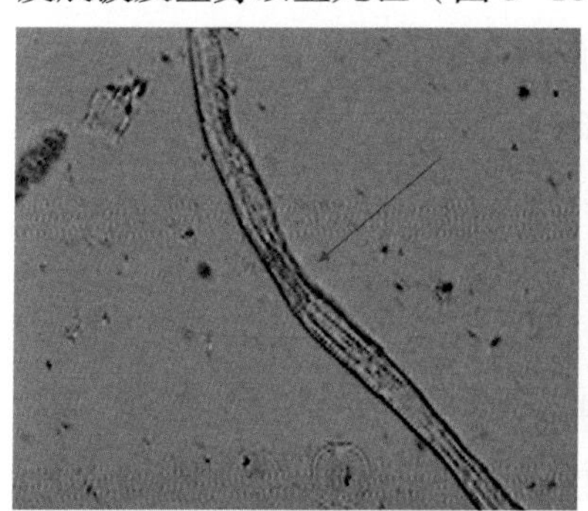
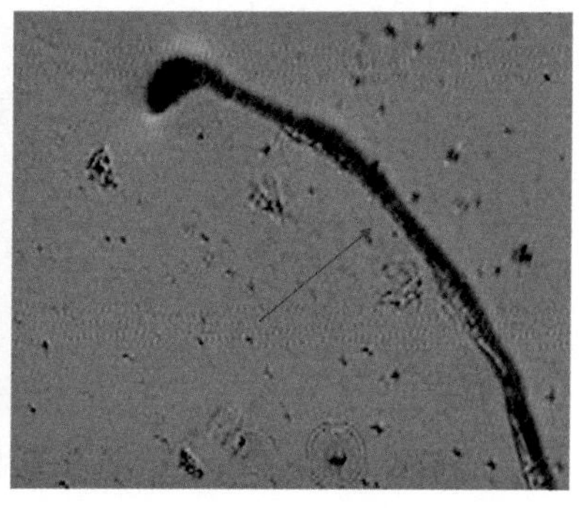

图 3–18 显微镜下绦虫形态

第六节　抗原与抗体检测技术

免疫学方法不但可以确定病原，还可以检测鸽体产生的抗体。通过检查病原，可以确诊疾病，公棚在管理过程中定期检测血清抗体浓度的变化，可以对鸽群免疫状态、免疫效果进行定量分析，不仅有利于调整免疫程序，而且能为防治疾病提供可靠依据。

免疫学诊断方法有多种，如病毒血凝试验和病毒血凝抑制试验、试管凝集试验可以检查病毒、细菌等微生物刺激鸽体产生的抗体等。

病毒血凝试验和血凝抑制试验。病毒血凝试验和血凝抑制试验是一种快速、微量、简便、准确的血清学诊断方法，病毒血凝试验可以检查有无病毒，而病毒血凝抑制试验可以检查相应抗体，用于鸽新城疫、鸽痘等流行病的诊断和免疫监测。以鸽新城疫病诊断为例，将病毒血凝试验和血凝抑制试验介绍如下。

鸽新城疫病毒有血凝特性，即与红细胞相遇时，在一定条件下能凝集这些红细胞，而且凝集现象稳定而明显。利用这一特性，将未知病毒与鸽的红细胞一起作用，如果发生红细胞凝集，就说明未知病毒可能是鸽新城疫病毒或类似病毒。这就是病毒的血凝试验（图 3-19 、图 3-20）。

反之，如果用一定浓度的鸽新城疫病毒作为已知病毒，与待测病鸽的血清作用，如果病鸽血清中含有抗新城疫抗体，则该抗体能

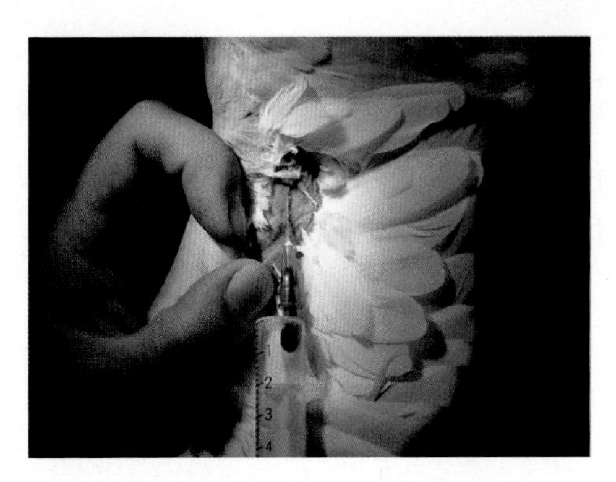

图 3-19　赛鸽翅静脉采血技术

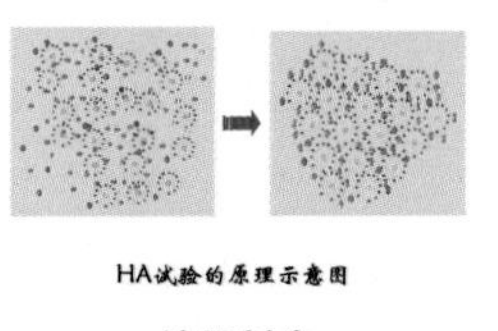

HA试验的原理示意图

孔号	1	2	3	4	5	6	7	8	9	10	11 (C)	12 (C
生理盐水 (μl)	50	50	50	50	50	50	50	50	50	50	50	50
病毒悬液 (μl)	50	50	50	50	50	50	50	50	50	50	弃50μl	/
1%红细胞 (μl)	50	50	50	50	50	50	50	50	50	50	50	50

结果判定

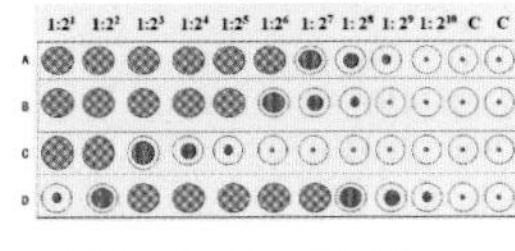

血凝价　A:2^6　B:2^5　C:2^2　D:2^7

Haemagglutination Experiment

血凝价：
1:256

以50%的红细胞发生凝集的病毒悬液的最高稀释度作为该病毒液的红细胞凝聚效价，即一个血凝单位。

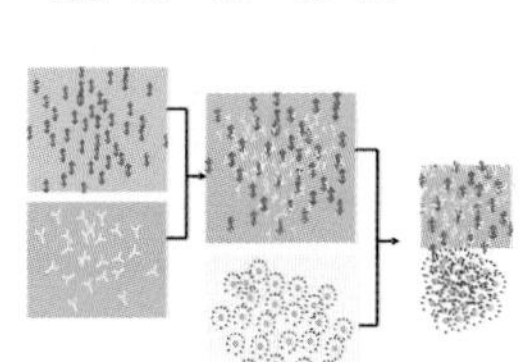

HI试验的原理图

孔号	1	2	3	4	5	6	7	8	9	10	11	12
生理盐水(μl)	25	25	25	25	25	25	25	25	25	25	25	25
待检血清(μl)	25	25	25	25	25	25	25	25	25	25	弃25	
4单位病毒(μ	25	25	25	25	25	25	25	25	25	25	25	25
室温静止30分钟												
1%红细胞(μl)	50	50	50	50	50	50	50	50	50	50	50	50

震荡1min，在37℃静置30min(室温40分钟后)后观察结果

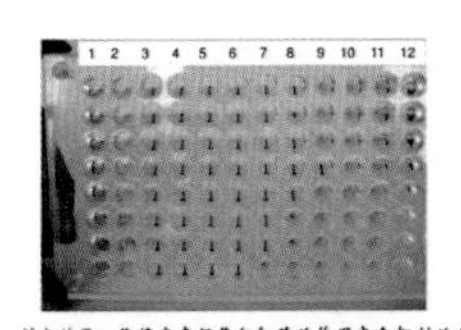

判定结果：能将病毒凝集红细胞的作用完全抑制的血清的最高稀释倍数为该血清的红细胞凝集抑制效价，以2的指数表示。（上图抗体结果从上至下依次为：8/7/8/9/8/7/7/6）

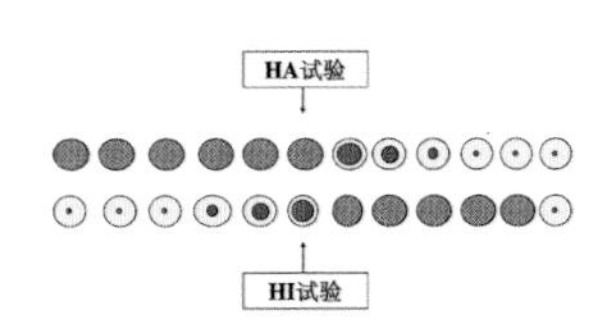

图 3-20　HA/HI 试验步骤

与病毒结合，接着加入鸽或赛鸽红细胞后，红细胞不再发生凝集，这种反应就是病毒血凝抑制试验。在病毒的血凝抑制试验中，还可以反映出血清中抗体的浓度，从而检查病鸽对病毒的反应程度，或者正常鸽注射疫苗后的免疫效果。

第四章

赛鸽疾病诊疗彩色图谱

第一节　鸽巴拉米哥病毒感染症（新城疫 / 鸽瘟 / Ⅰ型副黏病毒病）

本病是一种高度接触性、败血传染病。特征是拉墨绿、黏稠样绿便，单侧或双侧性腿麻痹，部分鸽出现扭头歪颈的神经症状。由于鸽友对本病防疫的诸多因素，包括交公棚前未进行有效防疫，而公棚在集鸽时过分注重数量而轻防疫，导致每年各大公棚在集鸽或换羽期暴发该病，死亡率极高。

【流行特点】

本病发生没有明显的季节性，各品种和不同年龄赛鸽都易感发病，且传染速度极快，当年鸽发病率高，成鸽发病率低，死亡率因年龄和鸽群的免疫状况、饲喂管理和卫生管理不同而有差异。赛鸽外出训练和比赛，把不同鸽舍的赛鸽集中于同一鸽棚内，很容易传播本病。

【发病症状及病变特征】

详见图 4–1 至图 4–16。

图 4-1　精神萎靡，拉绿稀

图 4-2　头部开始出现震颤神经症状

图 4-3　出现歪头神经症状

图 4-4　病鸽紧迫后歪头

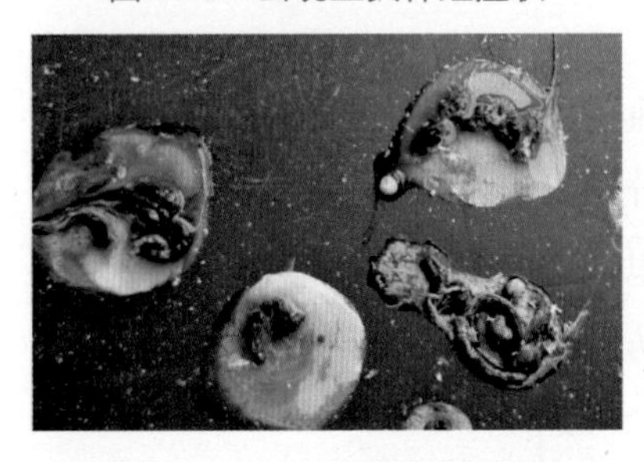

图 4-5　拉绿色黏稠样粪便

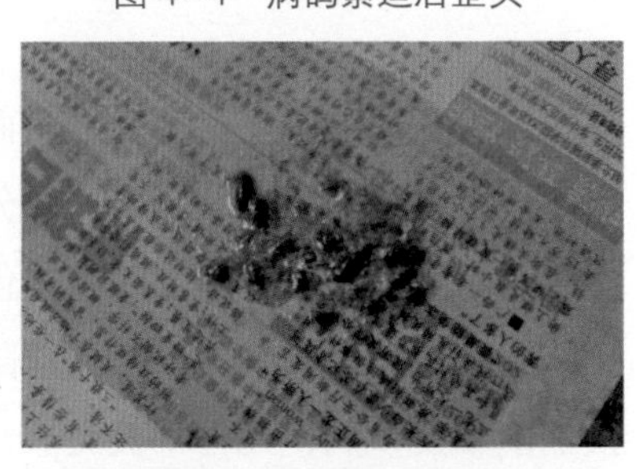

图 4-6　拉绿色稀便

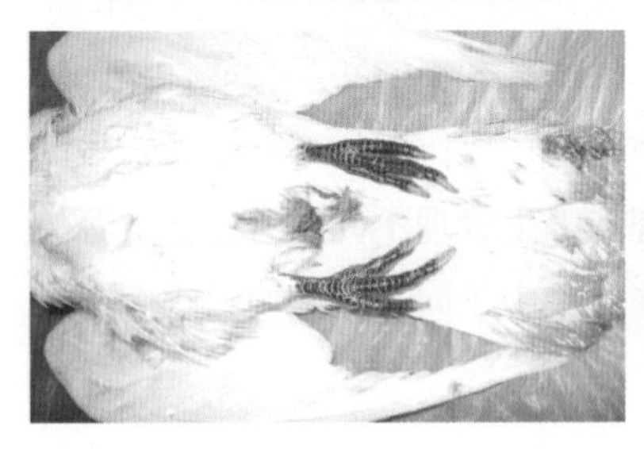

图 4-7　鸽瘟和沙门氏菌混合感染症——绿便糊肛

图 4-8　神经症状并发鸽痘

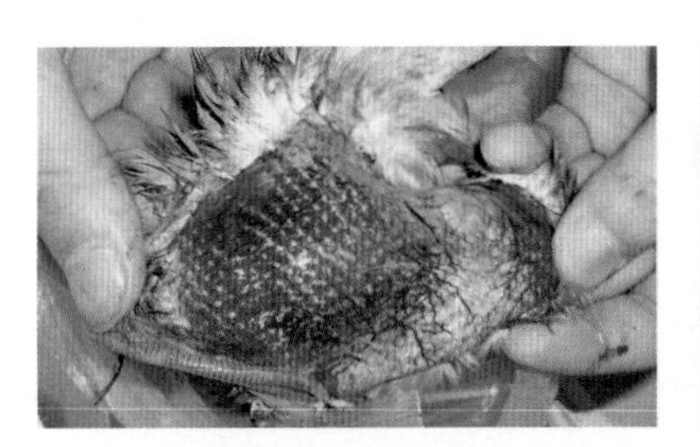
图 4-9　脑部出血

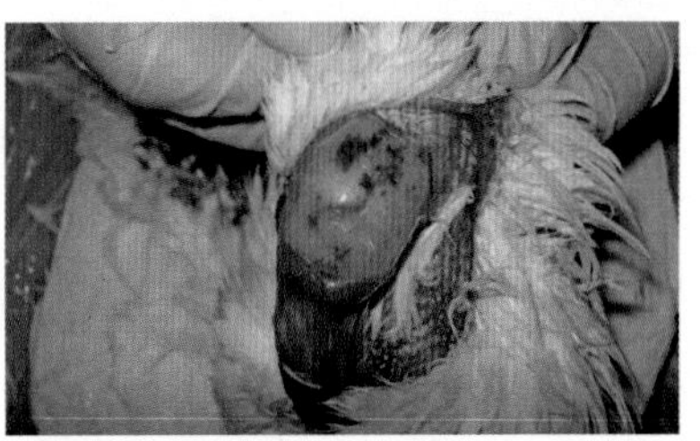
图 4-10　颈部皮下特征性出血

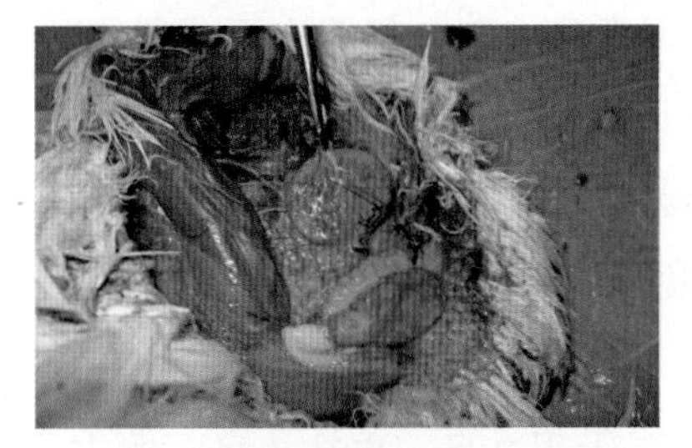
图 4-11　颈部皮下淋巴结肿大坏死

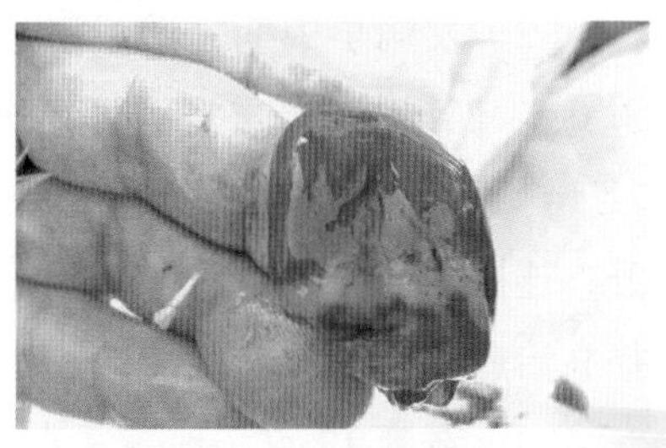
图 4-12　心冠脂肪出血点

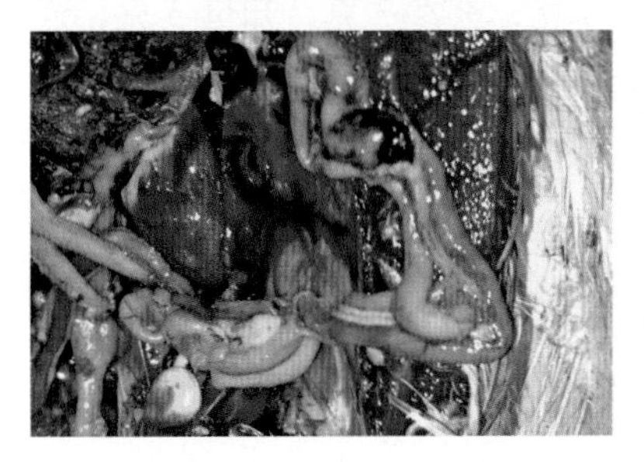
图 4-13　内脏病变严重

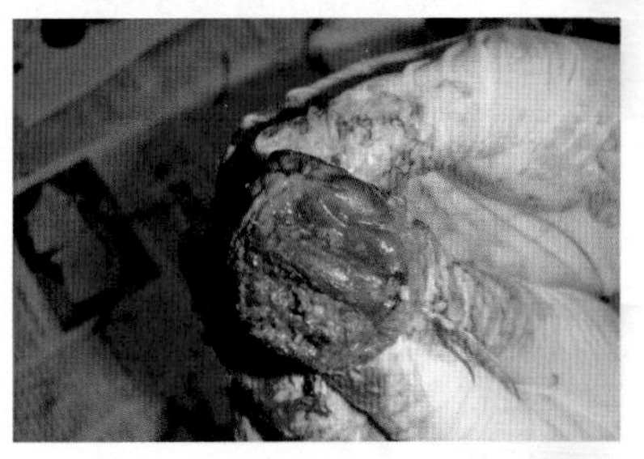
图 4-14　肌胃无食，胆汁逆流发绿

图 4-15　肠道严重出血

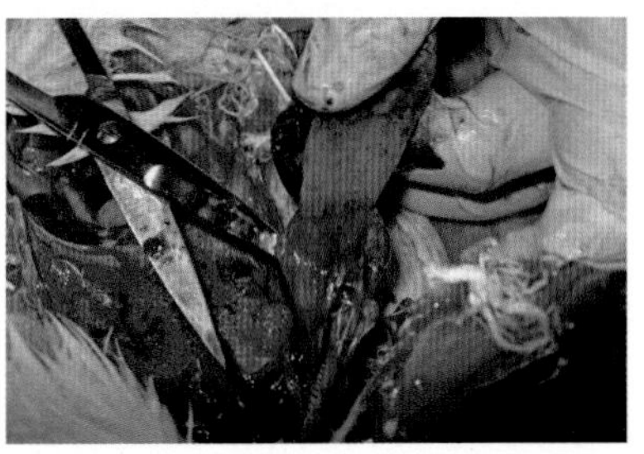
图 4-16　腺胃乳头有明显出血点

【科学防控方案】

（1）应于发病前，赛鸽健康时有效接种鸽巴拉米哥病毒油乳剂灭活疫苗，于颈部皮下注射0.3毫升/羽，在正常情况下，留作种用的幼鸽25~35日龄接种一次，约4月龄再接种一次加强免疫。也可使用“鸡新城疫IV系弱毒疫苗”1瓶稀释30毫升生理盐水后，点眼滴鼻各1次。

（2）发病早中期立即注射病毒高免血清，每羽皮下或肌内注射0.5~1毫升，严重病例可在次日再注射1次，可有效抵抗病毒7~14天，也可以注射鸽用免疫球蛋白，每羽肌内注射0.5~1毫升，连用3天，可提高病鸽自身免疫力，使病鸽迅速产生免疫力，提高治愈率。

（3）石膏12克，地黄3克，水牛角6克，黄连2克，栀子3克，牡丹皮2克，黄芩3克，赤芍3克，玄参3克，知母3克，连翘3克，桔梗3克，甘草2克，淡竹叶3克，以上药物研末供80羽鸽一天使用，连用5~7天，治疗效果显著。

（4）发病后引起的歪头斜颈，可使用治疗歪头小偏方，效果显著，补中益气丸2粒+复方丹参片半片+21金维他半片+谷维素1片，四种药混合一次喂服，每天一次，连用7~10天，治愈率高达85%以上。

第二节　鸽流感（流行性感冒）

赛鸽流行性感冒称鸽流感，是由A型流感病毒（AIV）引起的赛鸽的一种传染性综合征，临床可表现为轻度呼吸系统疾病或急性全身致死性疾病。以鸽的头、颈、胸部水肿和眼结膜炎为特征的高度接触性传染病。

【发病症状及病变特征】

详见图 4-17 至图 4-24。

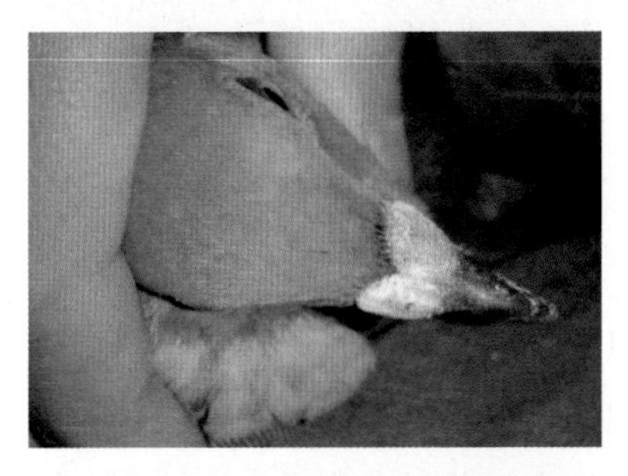

图 4-17　先出现脏鼻头流鼻涕现象

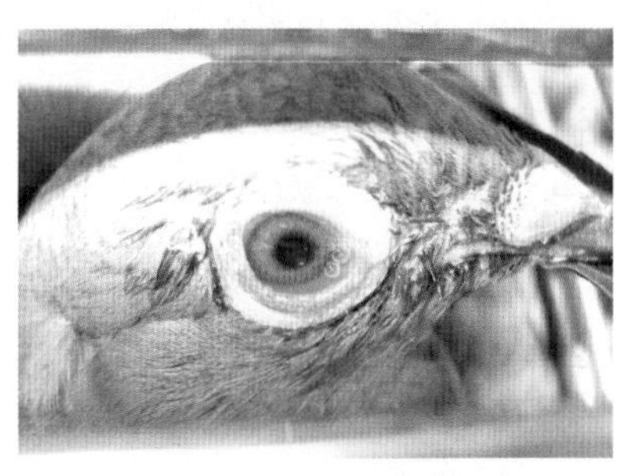

图 4-18　继而双侧眼睛流泪

图 4-19　眼睑肿大、呼吸困难并发鸽痘

图 4-20　病鸽发热、极度口渴，到处找水喝

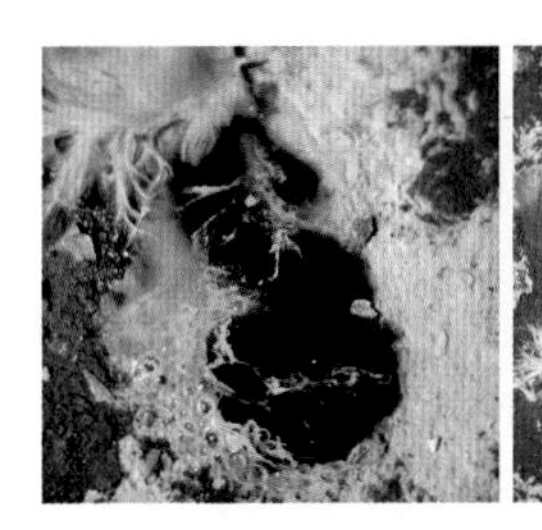

图 4-21　排绿色胶冻样粪便

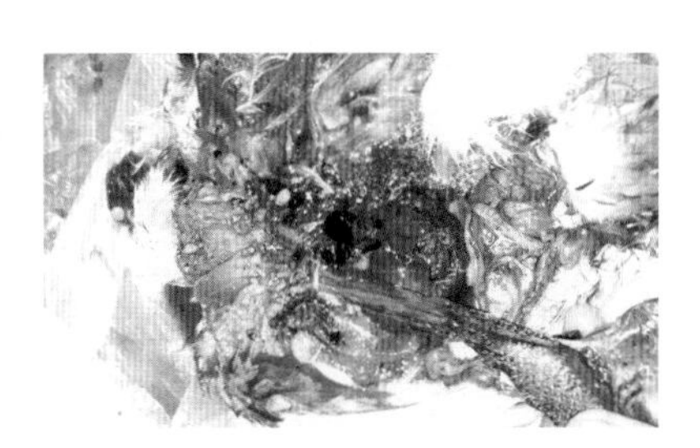

图 4-22　肌胃腺胃交界处出现出血带

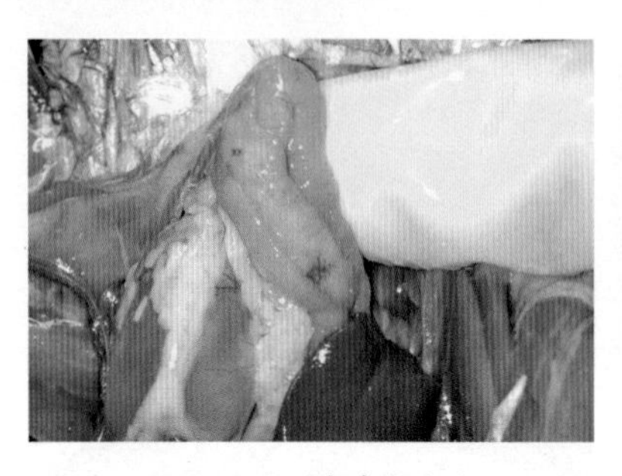

图 4-23　胰腺出血斑

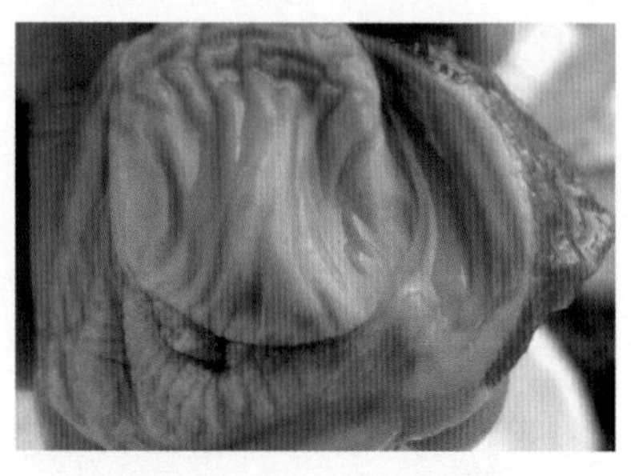

图 4-24　肌胃内壁出血

【科学防控方案】

目前，全国鸽友和公棚均未引起足够重视，多数鸽友乐观地认为赛鸽不会感染流感，发病后常误诊为单眼伤风，延误了治疗的最佳时期。由于流感病毒亚型极多，加之目前对本病尚未有效分离技术，因此无确实有效的疫苗。故若发生疫情时，应将病鸽全部淘汰，并进行彻底的消毒。

（1）暴发该病后严重张口喘气、呼吸困难的立即淘汰扑杀，尸体深埋并作无害化处理，症状温和的可立即使用连花清瘟胶囊 1 粒口服，每天早晚各 1 次，连用 7 天。

（2）复方穿心莲注射液每千克体重肌内注射 0.3 毫升 / 羽，每天一次，连用 3~5 天，阿昔洛韦片 1/2 片口服，均具有较好的抗病毒效果。

第三节　鸽　痘

本病是由鸽痘病毒引起的一种常见的病毒性传染病，又称传染性上皮瘤、皮肤疮、头疮和白喉。主要特征是在体表皮肤、口黏膜或眼结膜出现痘疮，因影响运动、吞咽、呼吸，极易造成患鸽死亡。本病对赛鸽有严重的危害，几乎每个鸽舍都有可能发生，因此务必加强防范。部分公棚认为北方气候干燥，不易感染鸽痘的观点是严重错误的，因为南方有鸽友在 5—6 月送交公棚的幼鸽可能已经感染鸽痘，公棚接鸽后不加防范，会引起较大面积的暴发，因此建议不管南方区域还是北方区域，皆须及时接种疫苗。

【发病症状及病变特征】

详见图 4-25 至图 4-30。

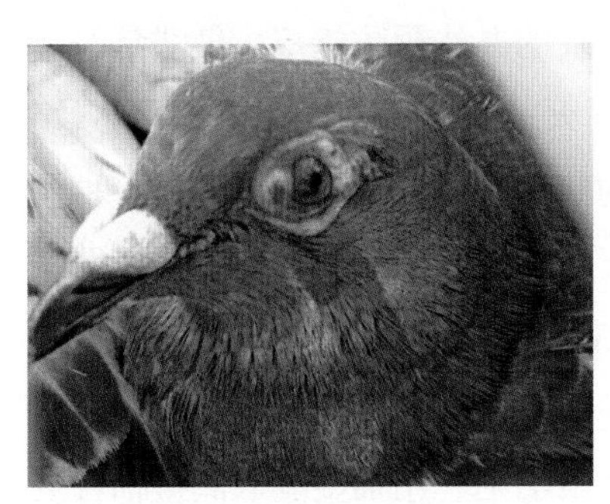

图 4-25　眼型鸽痘

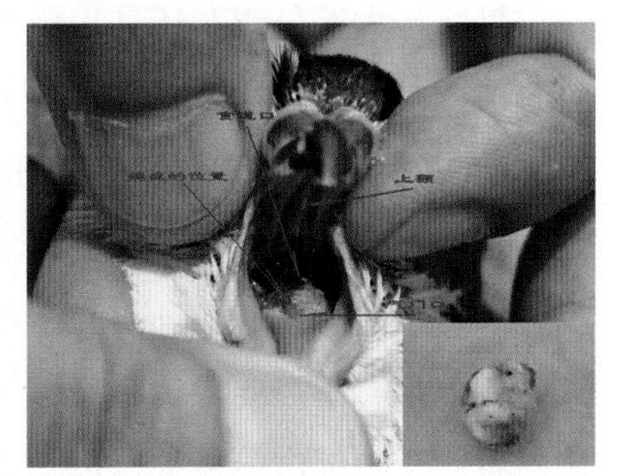

图 4-26　口腔内鸽痘

图 4-27　严重生痘导致瞎眼

图 4-28　爪子上严重鸽痘

图 4-29 混合型鸽痘导致呼吸困难

图 4-30 鸽痘合并感染单眼伤风

【科学防治方案】

目前，大部分鸽友还是采用灭蚊的办法预防鸽痘。做法是每天对鸽舍内外环境用杀虫药喷杀或用灭蚊灯诱杀，也有用蚊香驱蚊。鸽痘预防的主要措施是搞好疫苗的接种。经多年实践证明，接种鸽痘疫苗对后代保护率很好。因此，幼鸽出生后特别在蚊子多发季节，如每年的 3—6 月，应在 25~35 日龄内开始刺种疫苗。

（1）将“鸽痘弱毒活毒疫苗”取出，先注入稀释液混合，充分摇匀后，于腿部内侧接种，拔除 4 根羽毛，用棉签蘸取鸽痘稀释疫苗药水，逆毛囊方向刷拭数次即可，也可直接用刺种针蘸取鸽痘稀释疫苗药水，在腿部内侧刺种一次。活毒疫苗必须于混合稀释后两小时内使用完（未用完的疫苗不可随意抛弃，需灭毒处理后方可丢弃）。接种后 7~10 天检验接种部位会轻微肿胀，产生痘疤痂皮，或皮肤粗糙，显示已经产生保护力。接种后可使 98% 以上的鸽不再发病，是安全、高效、简便易行的方法。本法越早接种越好。特别提醒：接种鸽痘活疫苗后 1 周内不可给鸽洗浴。

（2）病鸽剥离成熟的痘痂，在患痘部位用碘酒消毒处理，然后涂抹红霉素软膏，可加速康复。

（3）公棚日常预防可使用中草药车前草 10 克，鱼腥草 10 克，

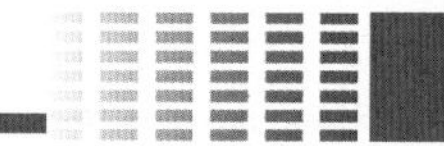

泽泻 10 克，半枝莲 10 克，蝉衣 5 克，荆芥 10 克，浮萍 5 克，防风 5 克研末供 60 羽鸽一天使用，夏季定期拌料饲喂或煎水服用，对皮肤型鸽痘具有较好的治疗效果。

第四节　鸽肝癌

本病是鸟类的一种癌症，主要为肝脏癌变。常见于超级种鸽，有些鸽友从国外大量引进种鸽导致该病交叉感染，具有优秀赛绩的种鸽培育出的幼鸽未经训放考验即予留种，导致隐形感染该病后未能及时发现，将会给未来赛鸽饲喂带来一定的风险。赛鸽终年处于比赛中，唯有获得一定成绩的赛鸽才有资格成为种鸽，加之赛事的激烈，优胜劣汰，患有本病的赛鸽基本在赛事中即予自然淘汰，因此实例并不多见，常常在淘汰或死亡后剖检时才会发现。

【发病症状及病变特点】

详见图 4-31 至图 4-38。

图 4-31　迅速消瘦、腿部麻痹

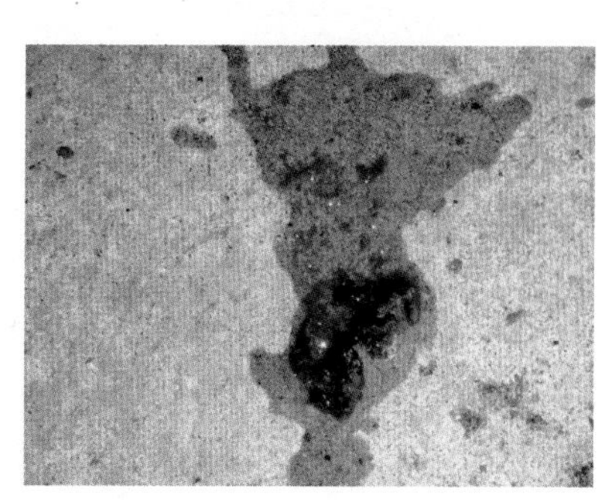

图 4-32　排绿色稀便

图 4-33　腹围增大、昏迷死亡

图 4-34　机体贫血、脱水

图 4-35　皮肤和肌肉上出现白色结节

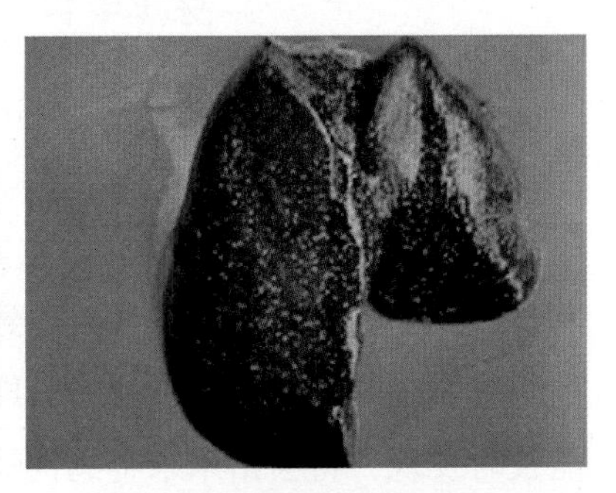

图 4-36　肝脏严重坏死

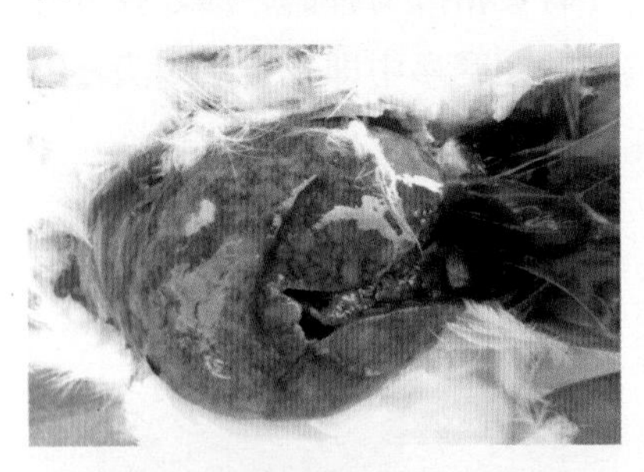

图 4-37　肝癌扩散至整个肝脏

图 4-38　肝脏严重坏死、脂肪变性

【科学防治方案】

（1）种鸽日常保健非常关键，经常使用中草药保健，可有效预防种鸽发生肝癌病。

（2）熟地黄 8 克，山茱萸（制）4 克，山药 4 克，牡丹皮 3 克，茯苓 3 克，泽泻 3 克，以上药物研末供 30 羽鸽一天使用，种鸽定期拌料饲喂或煎水服用，对肝病的预防具有较好的效果。

（3）维诺护肝精和肝肾宝 5 毫升对水 2 升，供鸽全天自由饮用，每周不少于 1 次，可有效护肝排毒，强肝护肾。

第五节　鸽疱疹病毒感染

本病是由 I 型疱疹病毒引起赛鸽的一种病毒性传染病，典型病例表现为口腔及咽喉内出现黄白色乳糜样分泌物（假膜），恶臭。于 1945 年首次出现，目前，欧洲大多数赛鸽强国均有发生。我国 2011 年在上海、2012 年在四川、东北三省等均出现大面积流行趋势，从国外引进种鸽时应事前做好检疫工作。

【发病症状及病变特征】

详见图 4–39 至图 4–42。

【科学防治方案】

本病的治疗主要还是以中药防治为主。

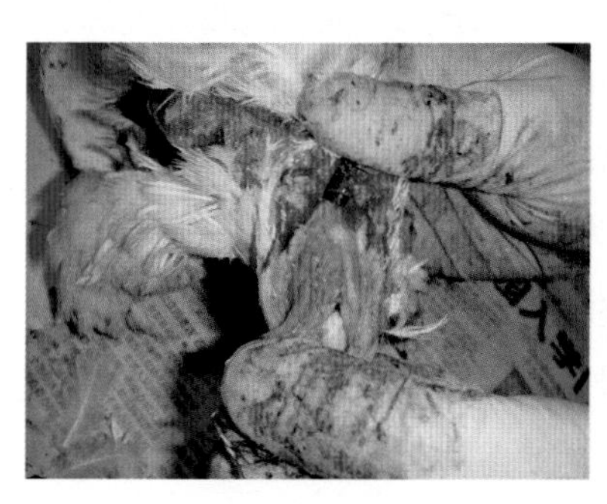

图 4–39　口腔恶臭，有黄色干酪样渗出

图 4–40　嘴角黄色坏死性病灶

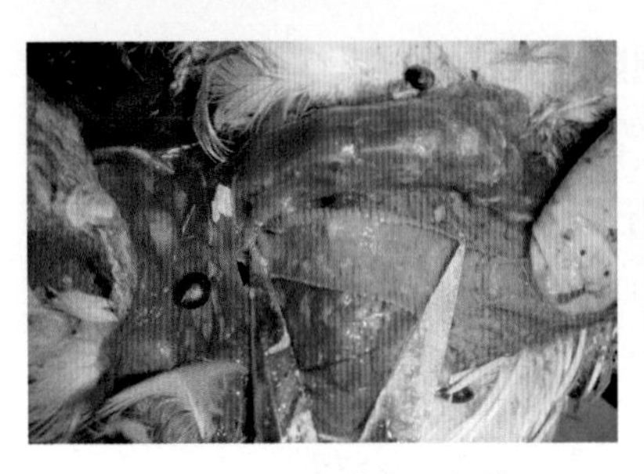

图 4-41　病灶侵入气管

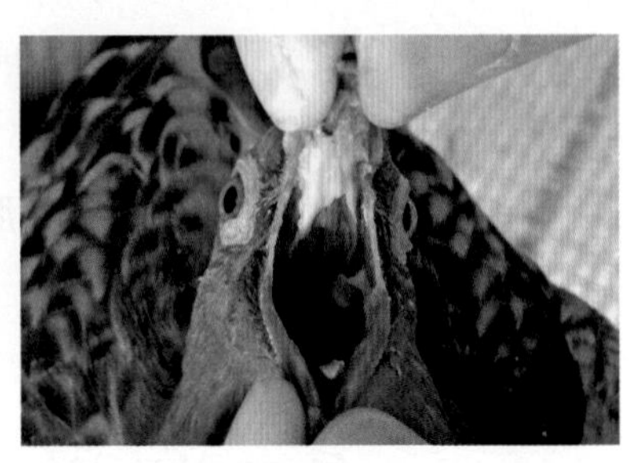

图 4-42　鸽消瘦、发热，上颚黄色病灶

大青叶 15 克，板蓝根 15 克，石膏 15 克，大黄 5 克，玄明粉 15 克，金银花 8 克，连翘 6 克，黄芩 5 克，黄连 5 克，苦参 5 克，以上药物研末供 100 羽鸽一天使用，种鸽定期拌料饲喂或煎水服用，对疱疹病毒的预防具有较好的效果。

第六节　腺病毒病（赛鸽呕吐下痢症）

由腺病毒感染引起的急性传染病，也称为“赛鸽呕吐下痢症”，是近年来引起赛鸽急性嗉囊炎、肠炎的元凶，传播范围极为广泛，令广大鸽友深为所苦。典型 I 型腺病毒 1945 年于比利时首次在鸽体中发现，自此全球各地亦陆续发现此病毒。Ⅱ型腺病毒则直到 1992 年才被发现（首宗病例亦发生在比利时）。Ⅱ型腺病毒与 I 型腺病毒间最大差别为老鸽亦会感染，且足以引发更高死亡率，腺病毒常与大肠杆菌或球虫混合感染发病，全年皆会感染发病。地方赛事和职业赛事中，各区参赛鸽交鸽车后容易出现交叉感染而暴发本

病，导致归巢后大面积发病，甚至被迫取消当年比赛，由此可见本病对我国赛鸽界的危害之大。

【发病症状及病变特征】

详见图 4-43 至图 4-50。

【科学防治方案】

（1）前期需合理预防，平时常使用中草药对赛鸽进行保健预防，勿让赛鸽过度疲劳，注意鸽舍通风、干燥及定期消毒。赛鸽归

图 4-43　感染后精神不振，萎靡

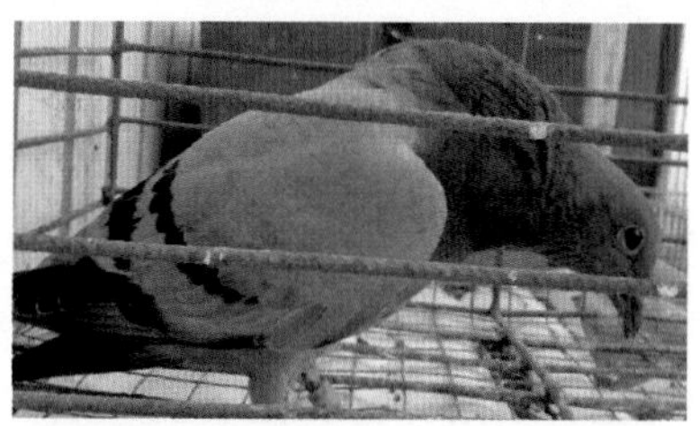

图 4-44　病鸽伸直脖子吐食

图 4-45　吐出嗉囊内食物

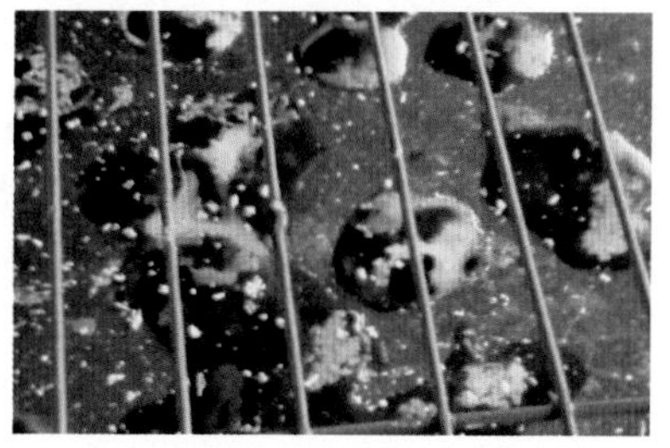

图 4-46　拉绿色稀便

图 4-47　嗉囊积水、恶臭

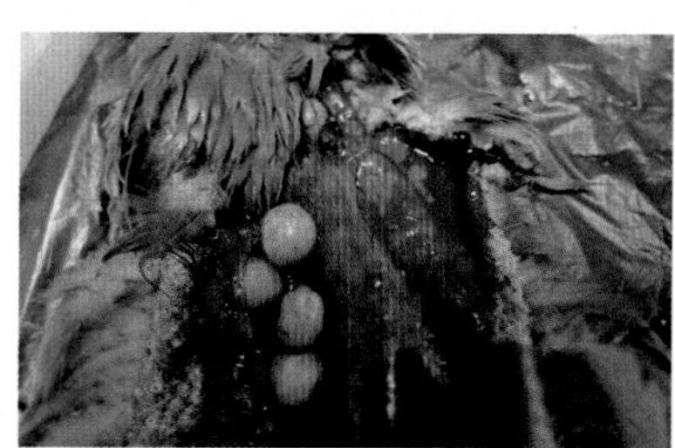

图 4-48　嗉囊内有未消化的饲料

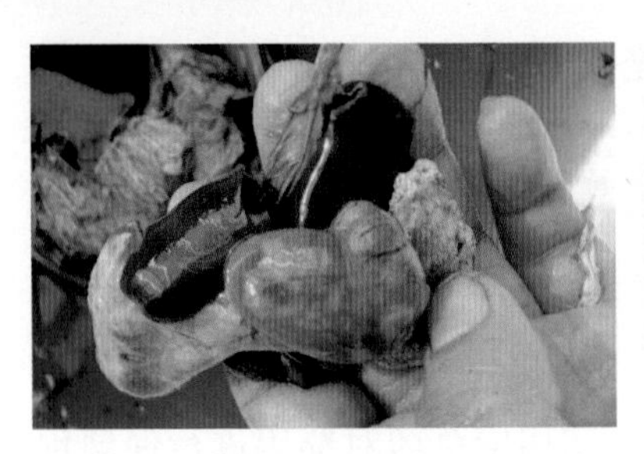

图 4-49　病毒性心肌炎引起急性死亡

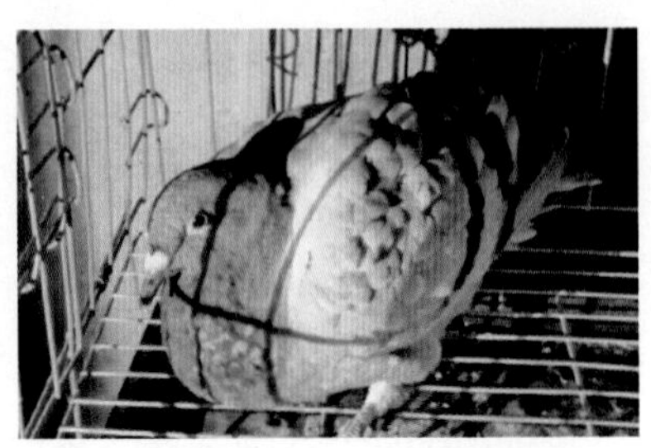

图 4-50　赛鸽严重水嗉囊虚弱

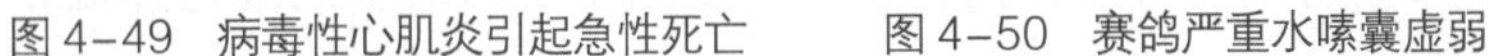

巢发病后，应立即停止饲喂饲料，尤其不能饲喂带玉米、豌豆等大颗粒的饲料，以免引起赛鸽肠道负担。停水停食 24 小时后，症状较轻者即可自行恢复。

（2）比赛上笼前和归巢后，人用药“利巴韦林”滴眼液，在赛鸽左右眼睛及鼻孔内各滴一滴，可以有效杀灭眼口喉腔内 95% 以上的病毒，以减少发病概率，降低死亡率，归巢后在饮水中加入电解质和活菌，可有效预防腺病毒发作和吐食。

（3）当归 10 克，白术 15 克，青皮 10 克，陈皮 12 克，厚朴 15 克，肉桂 15 克，干姜 15 克，茯苓 15 克，五味子 12 克，石菖蒲 15 克，砂仁 10 克，泽泻 15 克，甘草 10 克，以上药物研末供 100 羽鸽一天使用，定期拌料饲喂或煎水服用，对腺病毒具有较好的防治效果。

第七节　鸽轮状病毒病（病毒性腹泻症）

该病是赛鸽的一种病毒性腹泻，以厌食、腹泻和脱水、体重减轻为特征。

【流行特点】

病毒主要存在于肠道内，多发生在秋、冬季和早春。特别是寒冷、潮湿等应激因素或合并感染沙门氏菌后死亡率极大。

【发病症状及病变特征】

详见图 4-51 至图 4-54。

图 4-51　鸽厌食、严重脱水、无法站立

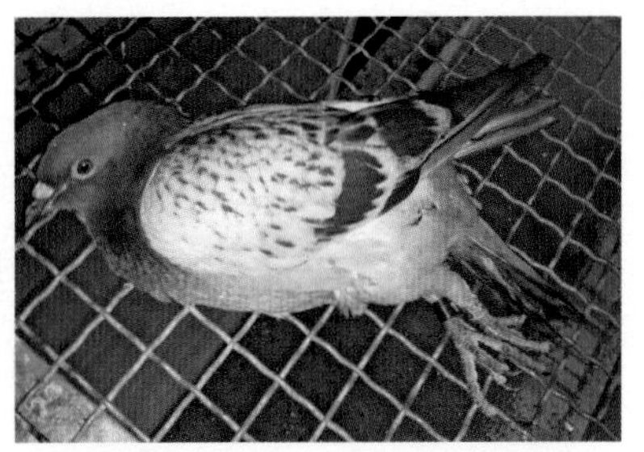

图 4-52　拉绿白色黏糊样粪便

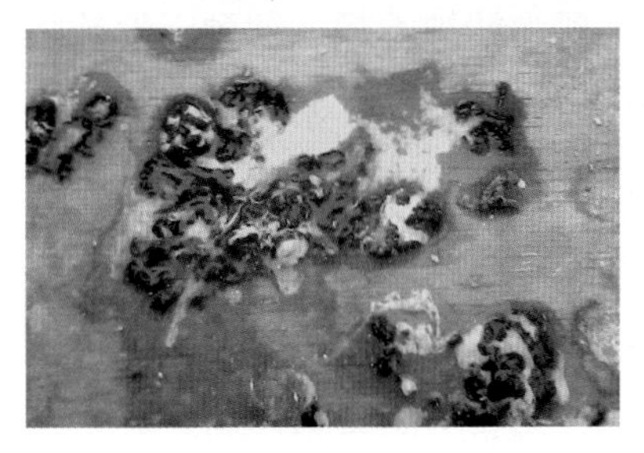

图 4-53　顽固性黄色稀便

图 4-54　病鸽急速消瘦脱水

【科学防治方案】

（1）本病应做好日常保健，日常使用活菌、酵素等作为种鸽和赛鸽的保健品，按比例拌料湿喂，具有较好的防治效果。

（2）白头翁 15 克，黄连 5 克，黄柏 10 克，马齿苋 15 克，乌梅 10 克，诃子 5 克，木香 10 克，苍术 30 克，苦参 5 克，以上药物研末供 60 羽鸽一天使用，定期拌料饲喂或煎水服用，对腺病毒具有较好的防治效果。

第八节　鸽圆环病毒病（猝死症）

【流行特点】

本病的潜伏期为 8~14 天，典型发病后在 1~2 周内相继死亡，3~4 周最高。目前该病已成为困扰欧洲赛鸽豪强种鸽舍重要疾病之一。

【发病症状及病变特征】

主要临床表现特征是贫血、眼沙变淡，喙、口咽黏膜颜色由红色急骤转为苍白。一般临床症状表现为精神委顿、缩颈、食欲减退、衰弱而飞翔能力明显下降、消瘦而体重减轻、腹泻乃至呼吸困难。种鸽全年不间断育种，导致体能严重下降，在吃食和饮水无明显变化的情况下突然出现猝死，或育雏后幼鸽体质不良，体弱多病，常见 3~15 日龄的幼鸽突然猝死等急性病例。胸腺和法氏囊出现坏死萎缩；胸腺呈深红褐色退化；免疫功能受到抑制；肝肾肿大、变黄、质脆；胃肠道和肌内由于贫血而表现得极为苍白，还伴有点状出血。详见图 4-55 至图 5-60。

【治疗】

（1）鸽舍暴发该病时需立即淘汰病鸽，同时隔离处理体质虚弱者，鸽舍严格消毒，切断传播途径。

（2）郁金 15 克，诃子 10 克，黄芩 15 克，大黄 30 克，黄连 15 克，黄柏 15 克，栀子 15 克，白芍 10 克，以上药物研末供 100 羽鸽一天使用，定期拌料饲喂或煎水服用，每周使用 1~2 次，可

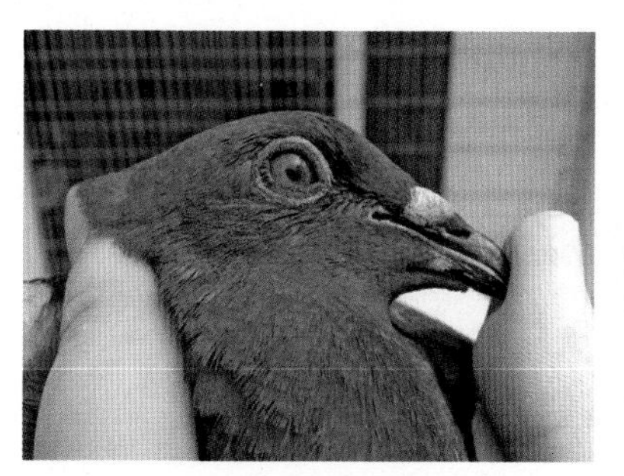

图 4-55　贫血、眼沙变淡，喙、口咽黏膜苍白

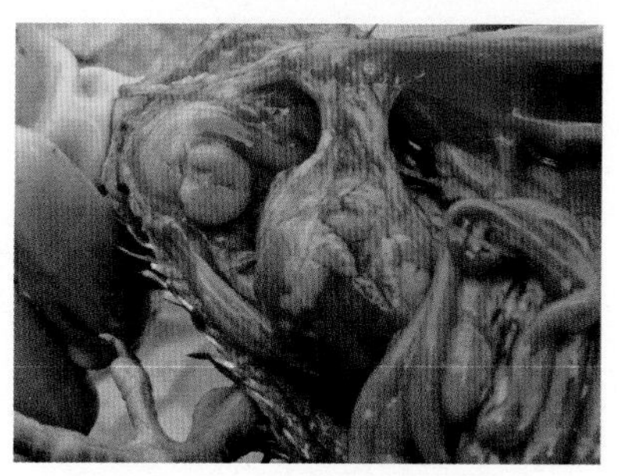

图 4-56　幼鸽法氏囊肿大

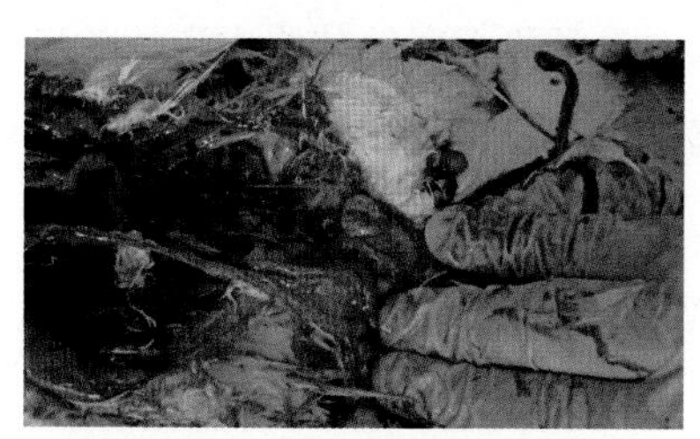

图 4-57　幼鸽法氏囊出血

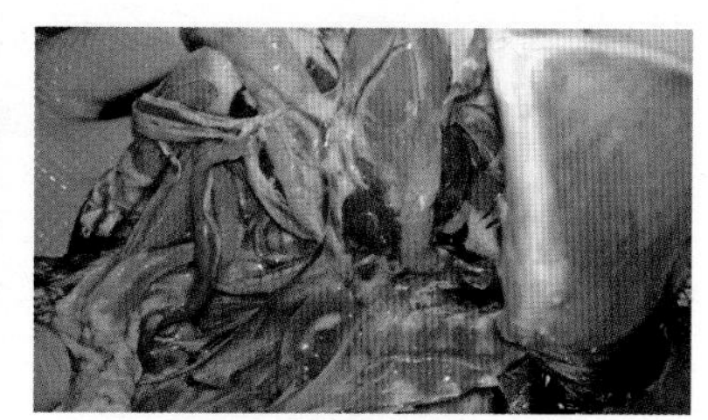

图 4-58　胰腺肿大、发黑

图 4-59　病鸽急性猝死

图 4-60　胸腺增生性结节

有效预防圆环病毒的发作。

种鸽日常做好科学保健护理，不要人为给予大量超负荷育种，对优秀种鸽的育种，要做好营养物质的充分供应，才能达到减少、减轻发病、缩短病程和降低病死率的目的。

第九节 大肠杆菌病

本病是由埃希氏大肠杆菌感染所引起的鸽病的总称。大肠杆菌也是一种条件性致病菌，当各种应激刺激造成鸽体的免疫功能降低时，就会发生感染，因此，在临床上常常成为赛鸽其他疾病的并发菌，该病在我国各地公棚和职业鸽舍屡有发生和流行，主要危害当年参赛鸽。

【发病症状及病变特征】

详见图 4-61 至图 4-76。

图 4-61 病鸽弓背、消瘦

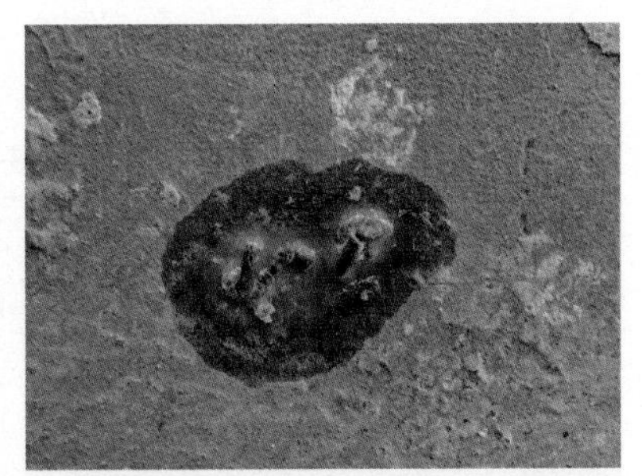

图 4-62 排黄白色粪便

图 4-63 排灰白色粪便

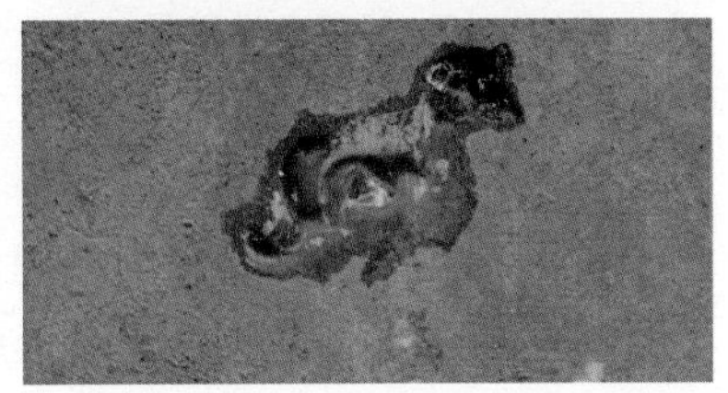

图 4-64 排白色粪便

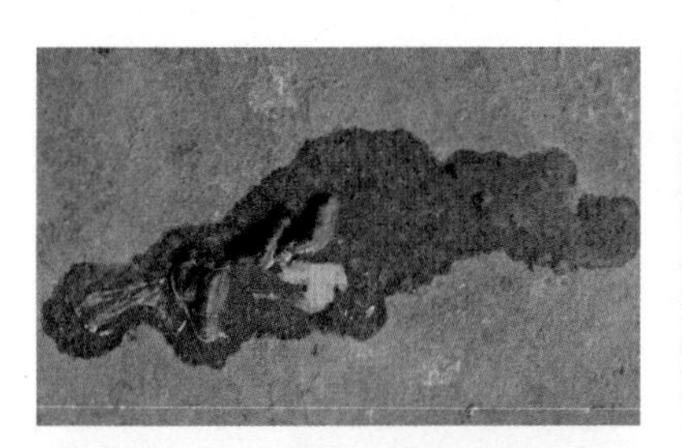

图 4-65　排稀状带白丝粪便

图 4-66　排灰黑色带白粪便

图 4-67　幼鸽糊肛

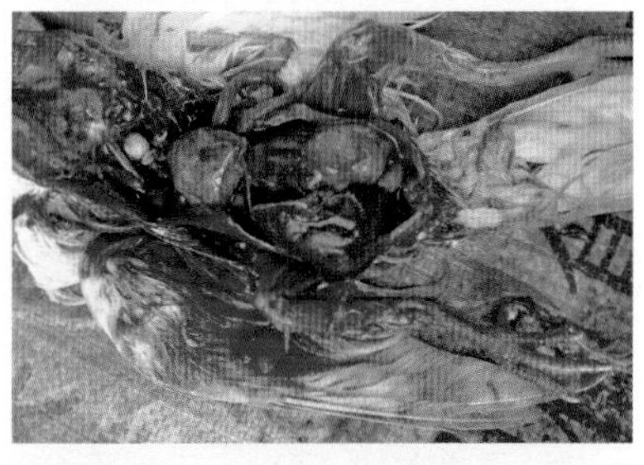

图 4-68　纤维素性渗出物包心

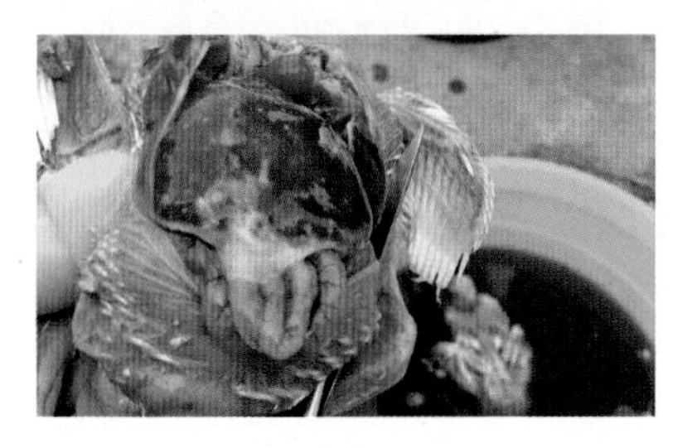

图 4-69　内脏被纤维素性渗出物严重包覆

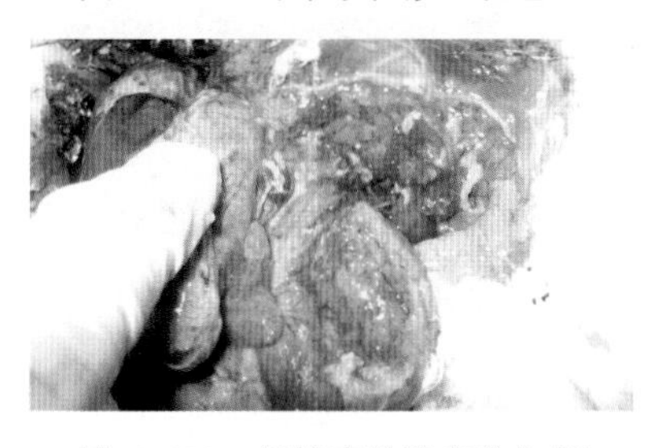

图 4-70　纤维素性渗出物包肝

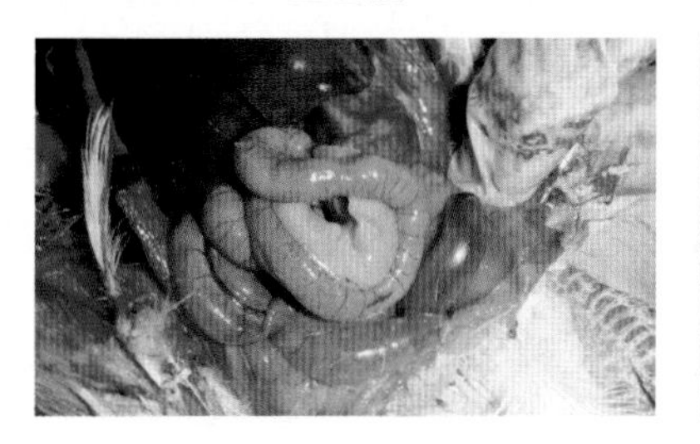

图 4-71　肠臌气

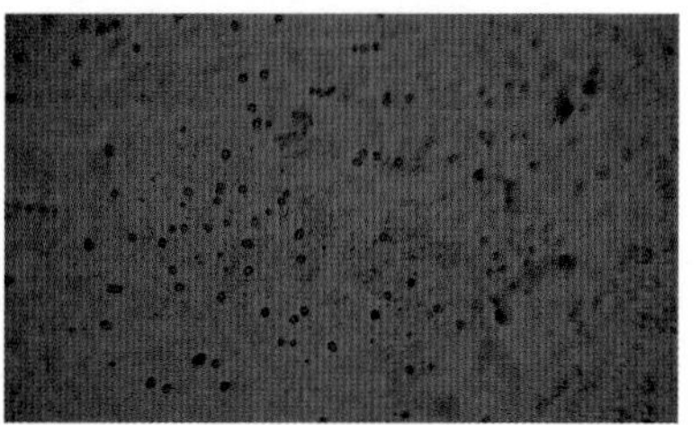

图 4-72　显微镜镜检下形态

图 4-73　雌鸽卵巢囊肿、肿瘤

图 4-74　种鸽下畸形软蛋

图 4-75　病死鸽纤维素性渗出物

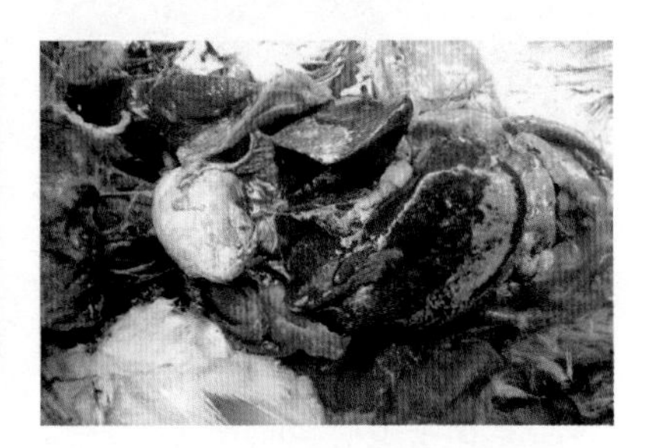

图 4-76　严重的心包炎肝周炎

【科学防治方案】

（1）日常做好鸽舍的卫生消毒工作，给予干净卫生的凉白开水替代自来水。种鸽和赛鸽的护理多采用活性菌按比例对水，供鸽自由饮用，每周使用 2~3 次，长期使用能有效增强赛鸽体质、提高肠道抗病能力。

（2）诺氟沙星，内服：一次量，每千克体重，鸽 10 毫克，每天 2 次。肌内注射：一次量，每千克体重，鸽 5 毫克，每天 2 次，幼鸽剂量减半。

（3）环丙沙星，内服：一次量，每千克体重，鸽 50 毫克，每天 2 次。肌内注射：一次量，每千克体重，鸽 10 毫克，每天 2 次，幼鸽剂量减半。

第十节　沙门氏菌病

包括伤寒沙门氏菌、副伤寒沙门氏菌、亚利桑那沙门氏菌病、鼠疫沙门氏菌、关节型沙门氏菌等，已成为赛鸽常见和重要的细菌性疾病。

【发病症状及病变特征】

详见图 4-77 至图 4-96。

图 4-77　粪便不成形

图 4-78　精神萎靡，消瘦

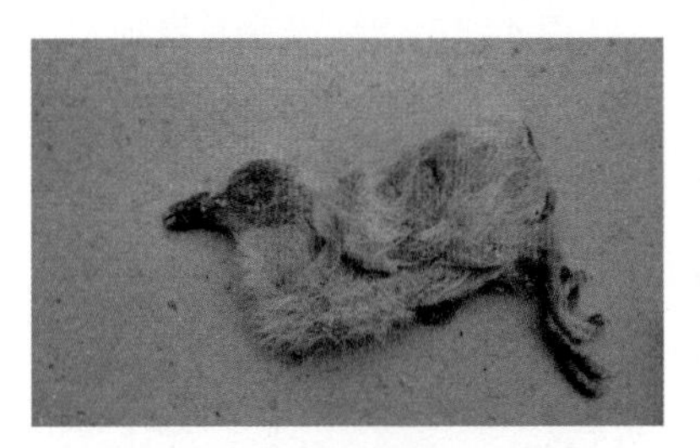

图 4-79　幼鸽干瘦、死亡

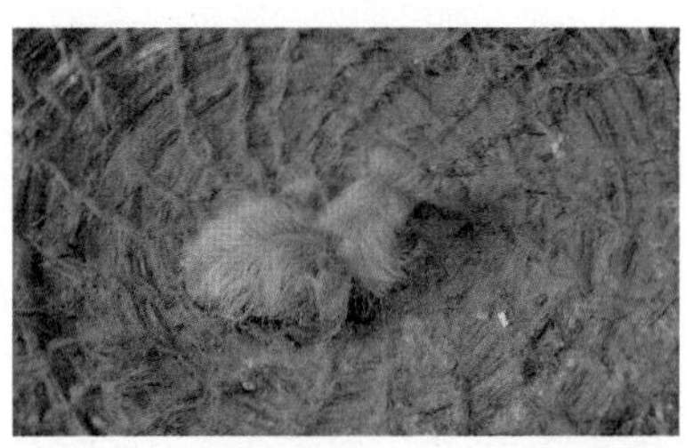

图 4-80　雏鸽常死亡一只，另一只体弱

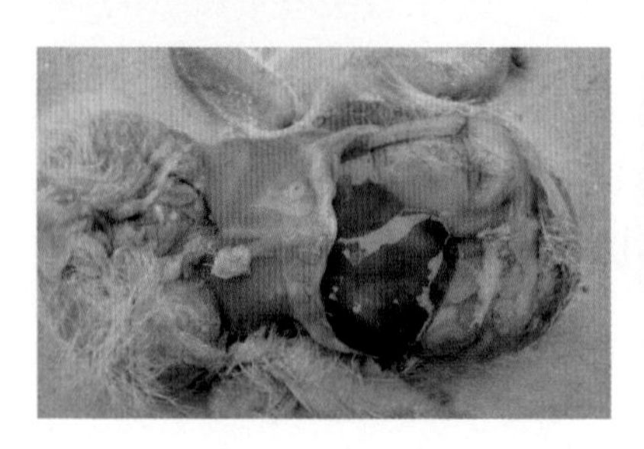

图 4-81　副伤寒沙门氏菌，肝脏发黄

图 4-82　幼鸽体弱、精神不振

图 4-83　腿关节型沙门氏菌

图 4-84　翅关节型沙门氏菌

图 4-85　神经型沙门氏菌——歪头

图 4-86　沙门氏菌拉绿便

图 4-87　拉绿白相间粪便

图 4-88　拉绿色粪便

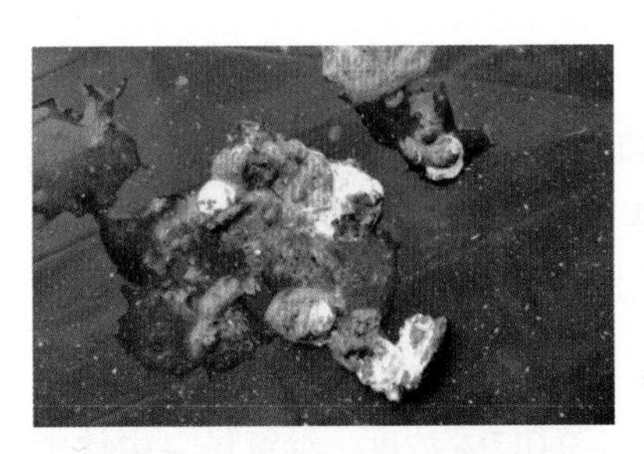

图 4-89　呈大滩带水样粪便

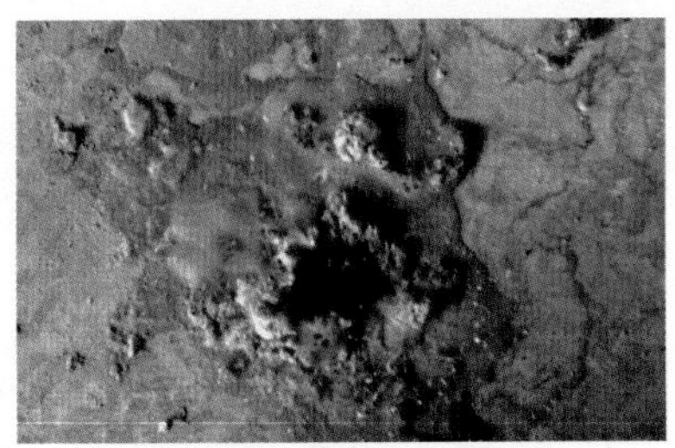

图 4-90　典型绿色稀便

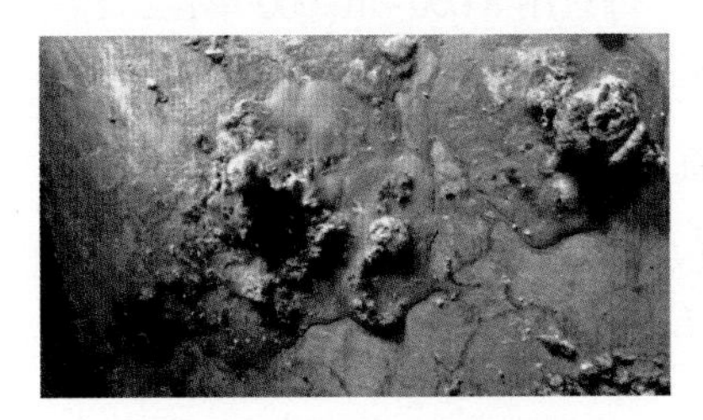

图 4-91　严重拉绿稀便

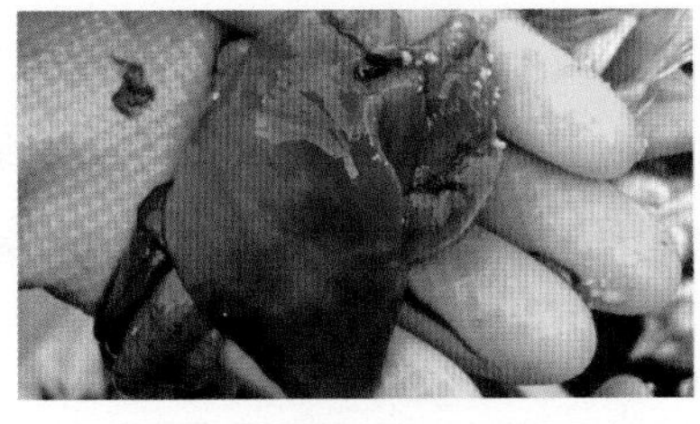

图 4-92　副伤寒沙门氏菌内脏病变

图 4-93　伤寒沙门氏菌，肝脏发绿

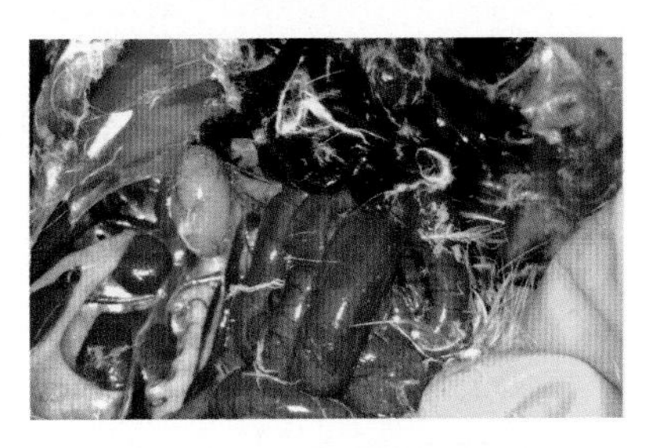

图 4-94　肠道严重充血

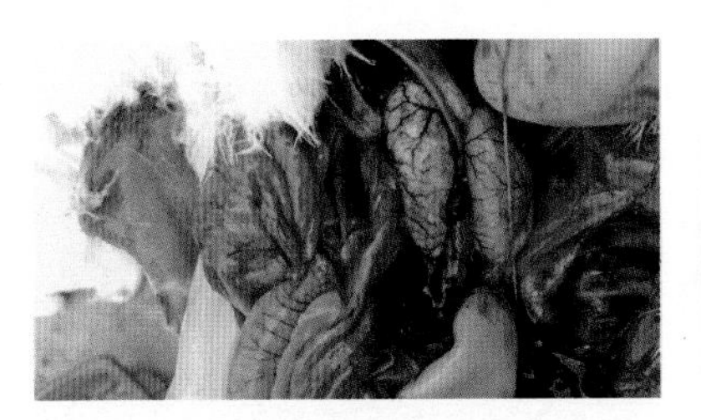

图 4-95　沙门氏菌感染雄鸽睾丸肿大坏死

图 4-96　沙门氏菌绿便糊肛

【科学防治方案】

治疗时立即停止饲喂高蛋白幼鸽饲料，改喂清除饲料。

链霉素与双氢链霉素，成年鸽 20~40 毫克 / 只 / 次，幼龄鸽 10~25 毫克 / 只 / 次，肌内注射，每天 2 次，连续 2~3 天。与青霉素合用能加强疗效。卡那霉素，4~8 毫克 / 只 / 次，肌内注射，1 日 2 次，连用 2~4 天；饮水按 0.003%~0.012% 浓度，继续供自由饮用 2~4 天。多黏菌素 B 与多黏菌素 E，每只用 8 000~10 000 单位，1 次肌注或 1 天中分 2 次口服，连续 3~5 天。青霉素、链霉素，每只分别按 2 万单位和 20~40 毫克混合肌注，每天 1 次，连用 2 天。此外，氨苄青霉素、庆大霉素、大观霉素、新霉素、二甲氨四环素、甲烯土霉素、去甲金霉素等，均有疗效，可选用或交替使用。

第十一节　链球菌病（睡眠病）

鸽链球菌病又叫，以昏睡、持续下痢、皮下及全身浆膜水肿出血为特征。

【发病症状及病变特征】

详见图 4-97 至图 4-104。

图 4-97　精神萎靡、嗜睡

图 4-98　眼结膜炎症

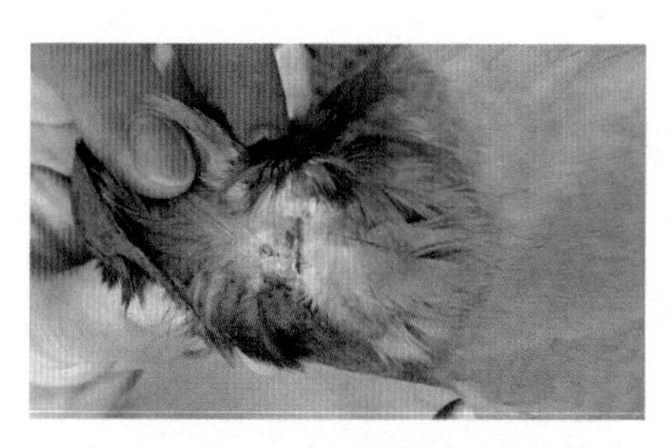

图 4-99 局部皮肤结痂

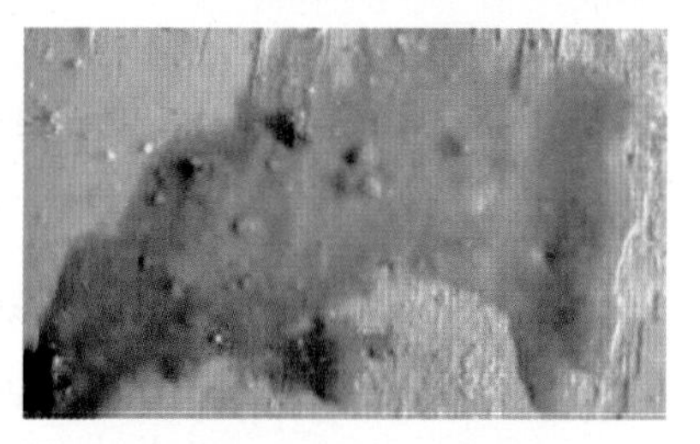

图 4-100 腹泻

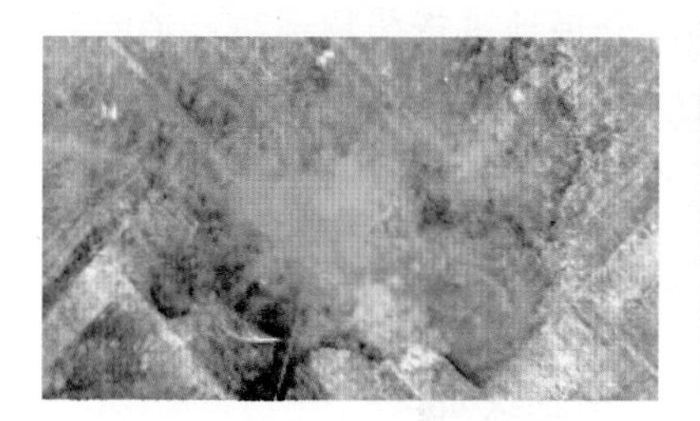

图 4-101 黄色稀水便

图 4-102 顽固性水绿稀便

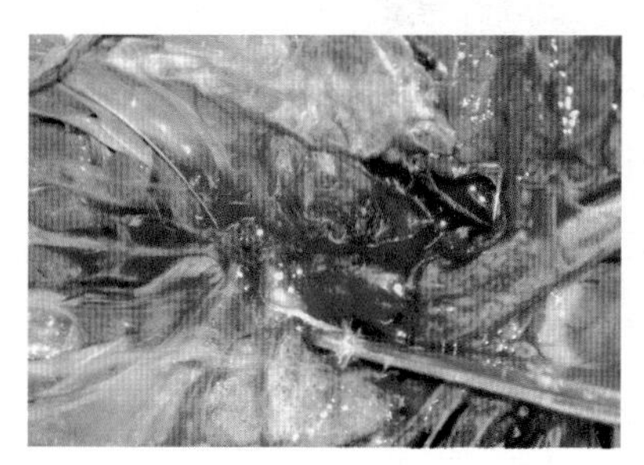

图 4-103 全身浆膜水肿

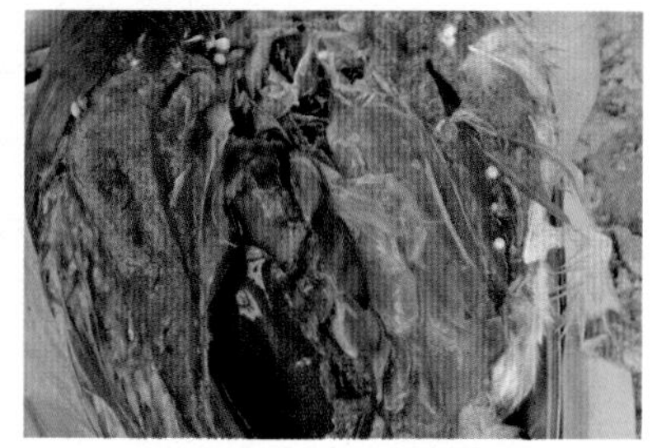

图 4-104 全身浆膜出血

【科学防治方案】

治疗药物可用青霉素或链霉素与青霉素合用，或用红霉素、新霉素、四环素、林可霉素、呋喃类药物及磺胺类药物，但对慢性病例宜考虑淘汰。

青霉素和链霉素，按每只每次 5 万国际单位口服，每天 2 次，连用 3 天；或减半肌内注射、每天 2 次，连用 2~3 天，鸽对链霉素极为敏感，应慎用。2.5% 恩诺沙星，每 5 克加入 1 升水中，供鸽自由饮用。5% 硫氰酸红霉素，每 100 克加水 500~700 千克水供自由饮用。

迄今，尚无疫苗用于免疫接种，目前只能采取综合性预防措施防止本病的发生，主要有以下几点：加强饲养管理，提高鸽群对病原的抵抗能力；搞好卫生工作，保持场舍和环境的清洁卫生，消灭虫鼠和防止野禽野鸟进入；适当、合理地进行药物预防；消除一切可能出现或存在的应激因素，防止诱发本病。

第十二节　结核病

本病是鸽的一种典型慢性、消耗性传染病，以顽固性腹泻、贫血、消瘦及脏器出现大小不等的结节为特征。

【发病症状及病变特征】

详见图 4-105 至图 4-108。

【科学防治方案】

此病因疗程长、成本高，并且在治疗期间还有向外排出病原、

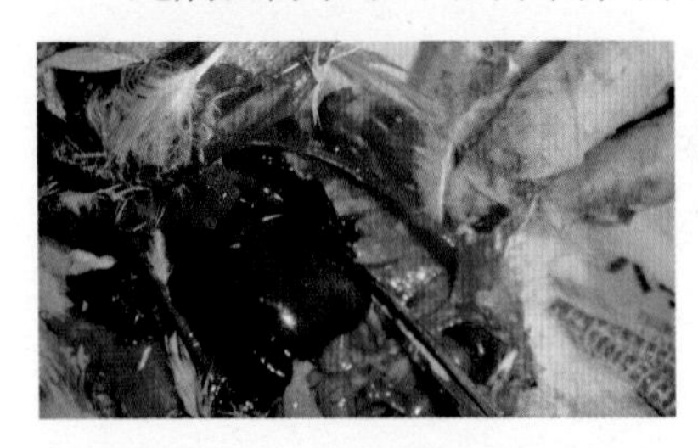

图 4-105　机体消瘦、脱水

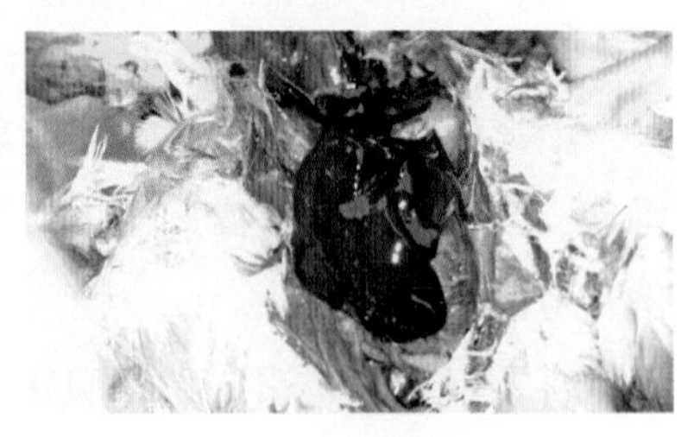

图 4-106　肝脏特征性白色结节

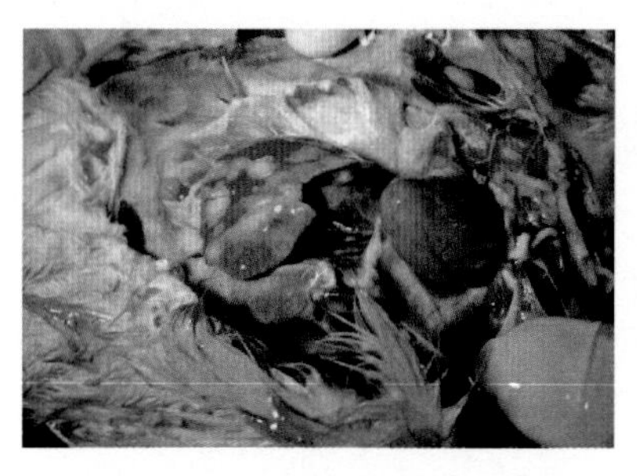
图 4-107　严重的肝脏结节病变

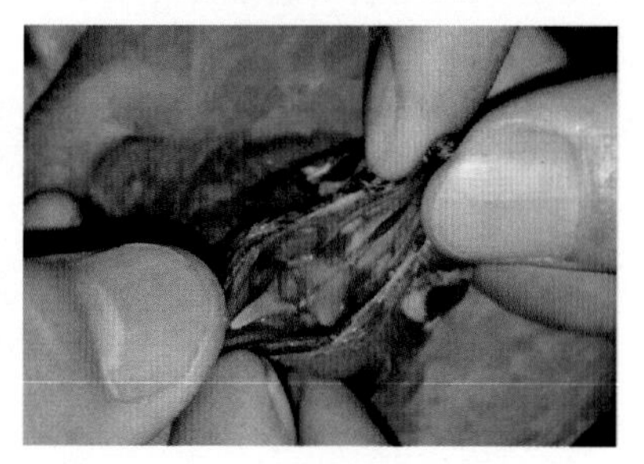
图 4-108　严重的结核堵塞气管

不断造成污染的问题，故除了名贵种鸽外，一般不主张对病鸽进行治疗，应予以淘汰，做无害化处理，并进行全场消毒。

（1）利福平片（甲哌力复霉素），本品毒性低而耐受性好，内服，成鸽每羽每次 30 毫克，每日 1 次，连用 7 天。

（2）异烟肼、异烟腙片，每片 50 毫克，内服成鸽每羽每次 15 毫克，每天 2 次。

第十三节　曲霉菌病

曲霉菌病是真菌中的曲霉菌引起的鸽的一种真菌性传染病。该病的特征是呼吸困难和下呼吸道（肺及气囊）有粟粒大、黄白色结节，所以，又叫曲霉性肺炎。

【发病症状及病变特征】

详见图 4-109 至图 4-114。

【科学防治方案】

不使用发霉的垫料和饲料是预防曲霉病的主要措施。选用外观

图 4-109　病鸽呼吸困难

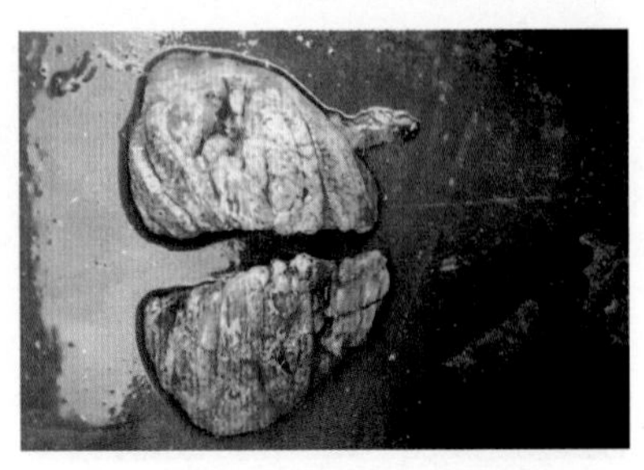

图 4-110　肺部苍白贫血有结节

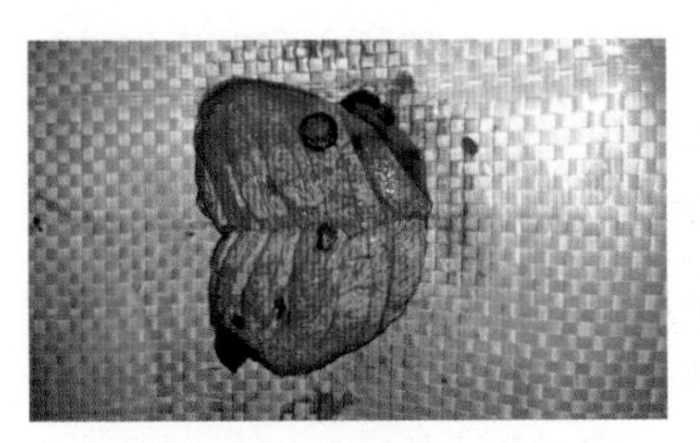

图 4-111　肺部坏死结节

图 4-112　霉菌性粪便

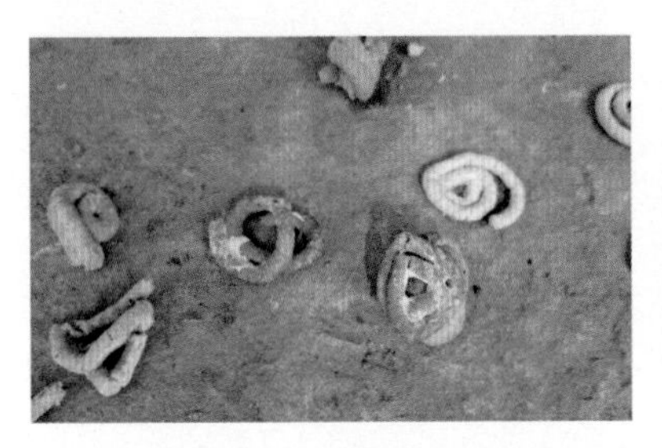

图 4-113　粪便严重霉变

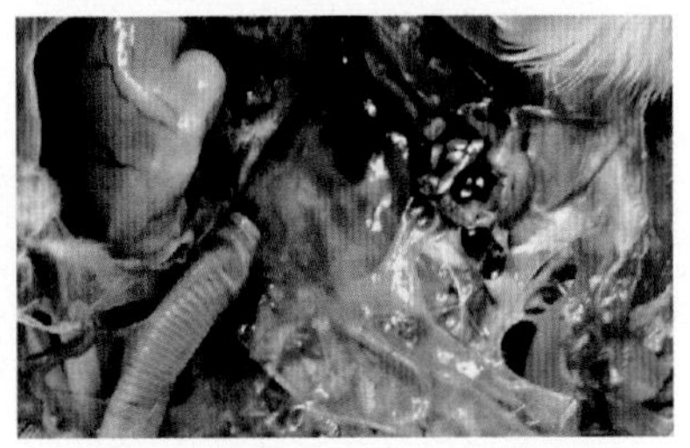

图 4-114　严重的气囊炎

干净无霉斑的稻草草巢，日常必须选用新鲜不发霉的饲料。

（1）制霉菌素防治本病有一定效果，剂量为每只 10 万 ~15 万单位混入饲料中，或每只 1/4 片喂服，每日 2 次，连用 4~6 天。

（2）用 1∶3 000 的硫酸铜或 0.5%~1% 碘化钾饮水，连用 3~5 天。

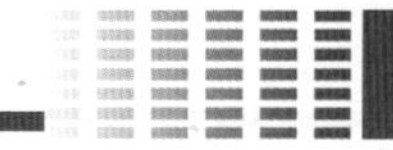

（3）也可用克霉唑（人工合成的广谱抗霉菌药），剂量为每1 000只鸽用1克，均匀混合在饲料内喂给。

第十四节　衣原体病（单眼伤风/披衣菌/微浆菌）

衣原体病又称饲鸟病、鸟疫、鹦鹉热、微浆菌感染，是鸽和鸟类的一种接触性传染病。鸽界俗称“水眼”或“单眼伤风”，它和支原体一样，都是介于细菌和病毒之间的一类微生物，近年来，随着种鸽的大量引进，赛鸽频繁、鸽笼拥挤、饲养密度增加等因素，本病的发病率逐年增加，而公棚黑三月期间，单眼伤风的发病率高达20%~60%，严重影响赛鸽的健康指数。

衣原体在绝大多数赛鸽身体中都可以找到，它有很多种类，致病力相差极大，只有赛鸽受到紧迫时，衣原体才会暴发和致病。在繁殖期，衣原体会通过交配传染给配偶，同时通过雌鸽产蛋而传入鸽蛋，如果蛋里有衣原体，胚胎的发育就会变得很差，很可能在孵化期间夭折或在出壳时立即死亡。公棚在集鸽量突然达到高峰时（一般一天能集鸽300羽以上时），鸽群的密度就会显得非常拥挤，而赛鸽的紧迫就会导致体内携带的衣原体突然暴发。

在比赛期，赛鸽晚上在巢箱里打喷嚏、打哈欠、抓鼻头、用翼托擦拭鼻子，都显示上呼吸道正受到刺激，这时如果打开赛鸽的口腔看，可能扁桃体已经发炎，喉咙里头可能从气管或嘴巴顶部缝隙一路牵线进来的白色浓痰，而且由于嘴巴边缘肿胀，顶部的缝隙很可能已经关闭，气管顶端也可能发红发炎，嘴喙在舌根附近也可能湿湿的，蜡膜可能会褪色和发红，由于肝脏受损，在收到紧迫后会拉绿便，通过显微镜检测口腔便能迅速诊断。

【发病症状及病变特征】

详见图 4-115 至图 4-120。

图 4-115　鸽单侧眼睛发炎

图 4-116　眼内充满分泌物、鼻孔流出鼻液

图 4-117　幼鸽眼睑肿胀——鸟疫

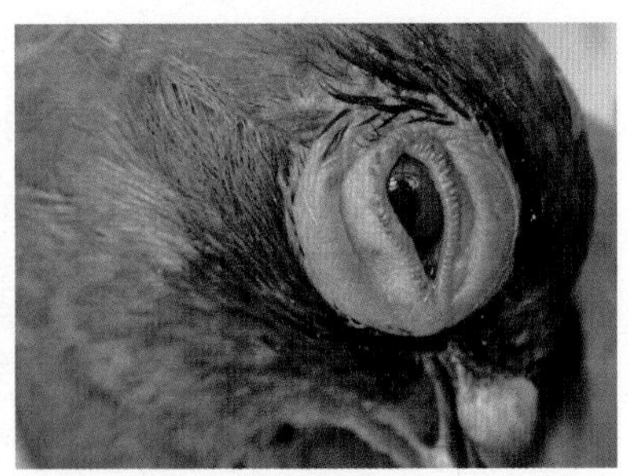

图 4-118　幼鸽眼睑肿大、闭合

图 4-119　成鸽感染后略有流泪现象

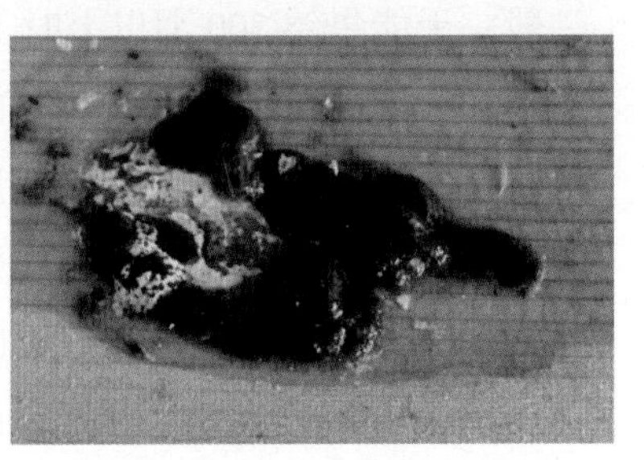

图 4-120　排青绿色稀便

【科学防治方案】

四环素类抗生素尤其是金霉素对本病有较好的疗效。

金霉素：以饲料中含量0.5%或饮水中浓度0.25%，连续4天投药。对个别严重的病例，可按每千克体重100~120毫克逐只喂服。预防量可减半。

强力霉素：胸肌注射75~100毫克/千克体重的剂量，在5~6天内血液中的浓度可保持在1毫克/毫升以上，所以在45天的时间内注射8~10次即可发挥作用；口服剂量为8~25毫克/千克体重，每天2次，连续投服30~45天。严重病例可按10~100毫克/千克体重剂量静脉注射1~2次，然后再转入口服剂量。

另外，喹诺酮类药物如氧氟沙星、沙拉沙星；氯霉素类如氟苯尼考等药物对本病也有较好效果。

引发衣原体病暴发的一个重要诱因是鸽体内毛滴虫数量的增多和泛滥，因此，定期做好毛滴虫的预防和清理是一项重要工作。

本病的预防主要是杜绝传染源，不引进血清学检验阳性的鸽子。此外，还应定期检查及预防性用药。栏舍内宜保持适当的湿度，避免病原随尘埃传播。定期检查包括血细胞凝集试验、琼脂扩散试验进行抗体检测，取样进行鸡胚接种做抗原（病原）检查。

第十五节　支原体病

鸽支原体病又叫慢性呼吸道病、霉形体病，是以呼吸系统器官炎症为特征的一种慢性传染病，特点是有呼吸啰音，气囊炎，病程长，死亡率低。是一种普遍存在于赛鸽中的疾病，赛鸽感染后家飞时间明显降低、不爱飞、飞行短时间内即出现张口呼吸、落地现象，严重影响比赛成绩。

【发病症状及病变特征】

详见图 4-121 至图 4-128。

图 4-121　眼部变形、呼吸困难

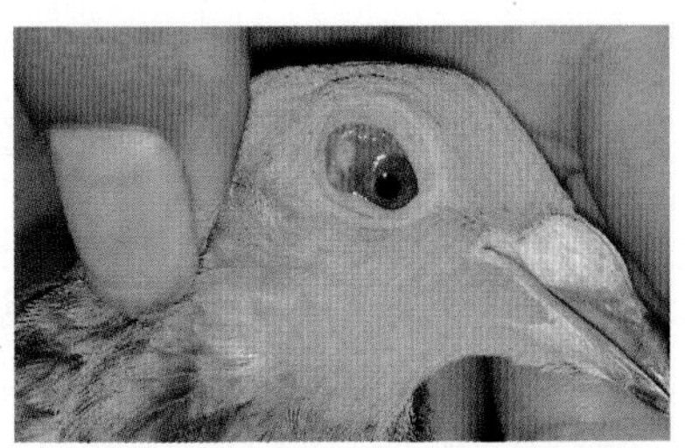

图 4-122　眼内干酪样分泌物

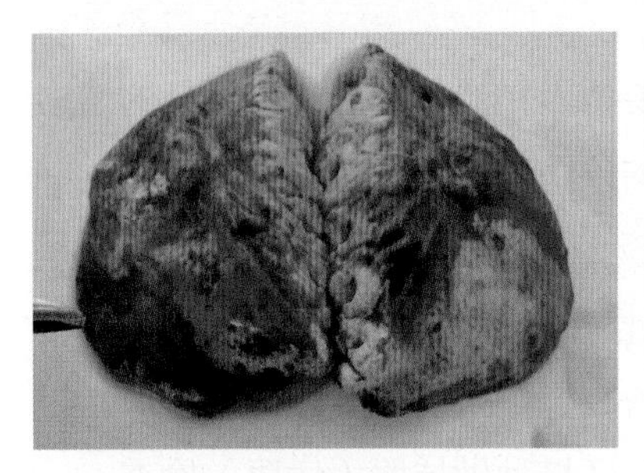

图 4-123　肺部坏死

图 4-124　肾脏成花斑样病变

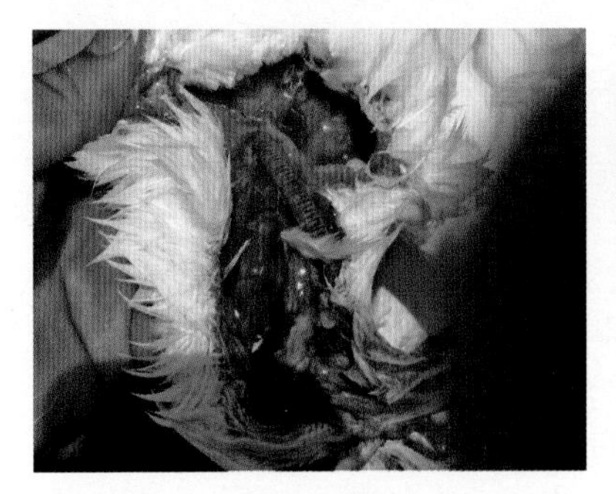

图 4-125　气管环出血

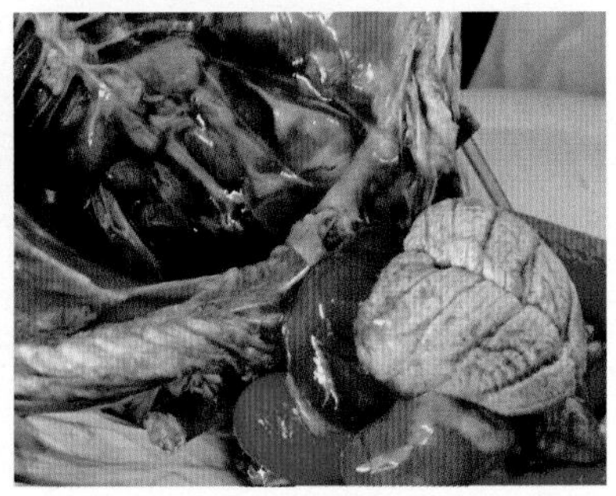

图 4-126　严重的呼吸系统衰竭

图 4-127　病鸽排乳白色粪便

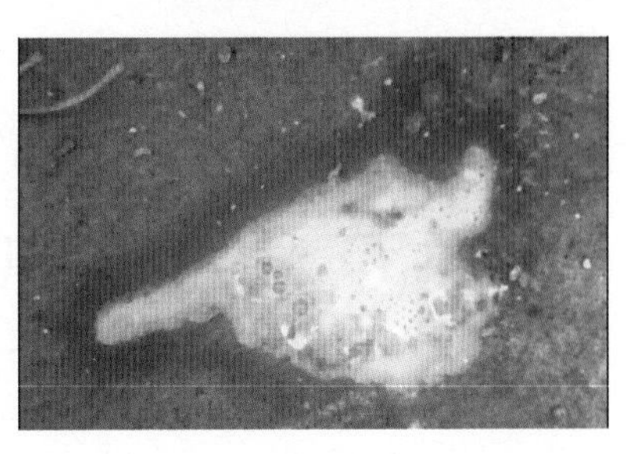
图 4-128　病鸽排石灰样水便

【科学防治方案】

支原体发病主要影响赛鸽的呼吸系统及消化系统，以呼吸系统为主，一般以慢性低死亡率多见，赛鸽家飞后症状明显严重，笔者认为这种现象与鸽的生理结构有一定关系。鸽肺部与气囊相邻，家飞后肺部呼吸明显加快，肺脏负担增加，支原体的致病力导致气囊炎症，极易蔓延到腹腔，造成急性腹膜炎、肝周炎死亡。即使治疗康复的鸽群，也要特别注意慢性气囊炎的发生，治疗后要淘汰病残鸽。而幼鸽因卵巢还没有发育成熟，因此，与气囊没有紧密相连，炎症主要局限在气囊，因此，腹膜炎较少，基本上不出现死亡，如及时有效治疗，一般无后遗症。

治疗时痊愈鸽常出现重复感染，不易根治。故主要是靠平时搞好预防工作；不引进经血清学检验阳性的鸽子；定期消毒，定期投药预防和定期检测抗体；控制呼吸道病和其他疾病的发生；舍内的饲养密度也应适中，以减少气源性传染。

（1）庆大霉素，每千克体重 1 万单位肌内注射，每天 1 次，连用 3 天，或对水供鸽自由饮用，连用 5 天。

（2）强力霉素，按 0.01%~0.02% 加入 TMP 0.01% 拌料或饮水，连用 3 天。

第十六节　念珠菌病（鹅口疮、酸臭嗉囊病）

是由白色念珠菌引起的赛鸽上消化道的一种真菌性传染病。主要特征是上部消化道（口腔、咽、食管和嗉囊）的黏膜上生成白色的假膜和溃疡。在一些成鸽的口腔和咽喉黏膜上可见到针头大小的病灶，是念珠菌和毛滴虫的混合聚积物，尤其需要引起重视。

【发病症状及病变特征】

详见图 4-129 至图 4-132。

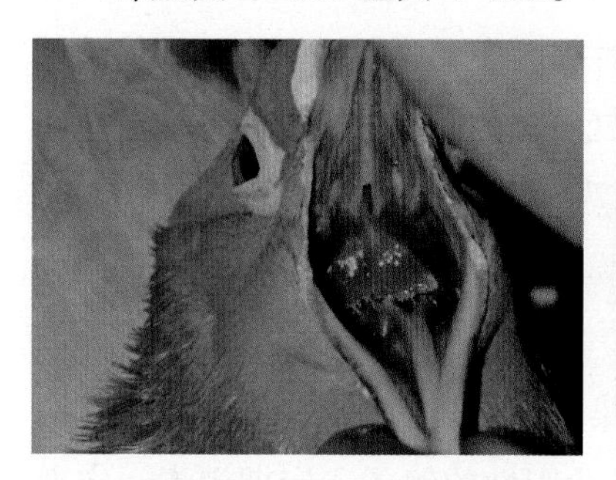

图 4-129　口腔内白点病灶

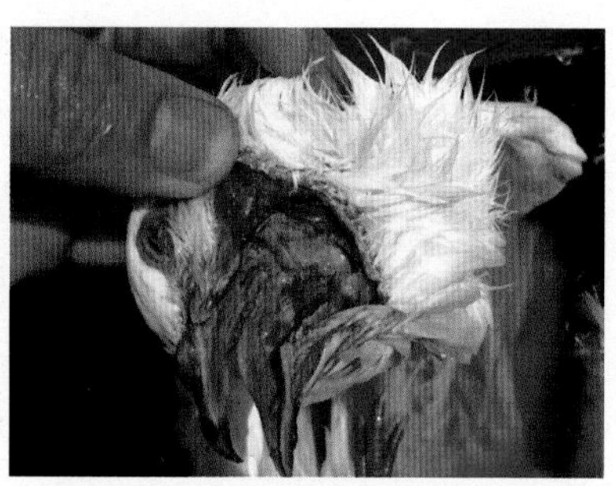

图 4-130　口腔内黄色溃疡伪膜

图 4-131　鸽拉黄色稀便

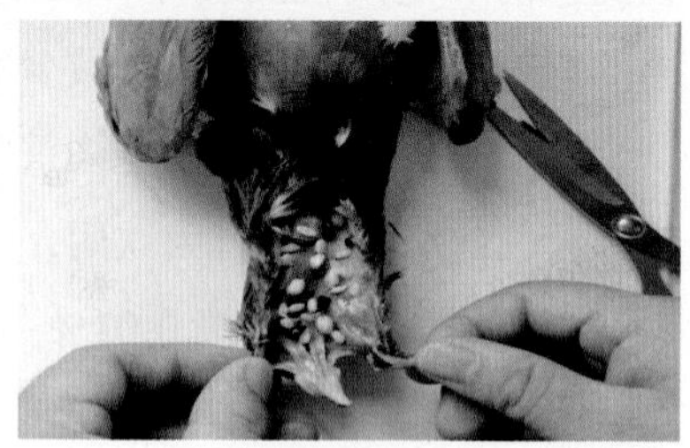

图 4-132　幼鸽嗉囊恶臭，消化慢

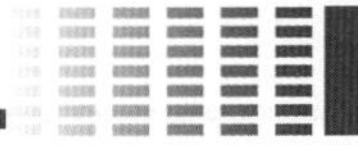

【科学防治方案】

常用抗生素、磺胺类及呋喃类药物、金属盐类（如硫酸铜）、染料类（煌绿）对本病病原均不敏感，故不宜用作本病的治疗药物。另外，治疗本病切不可用结晶紫，因为鸽对其敏感，食后有强烈的呕吐，会使体质下降，病情加重。

目前，疗效好的药物如下。

① 制霉菌素（治疗本病的特效药），按每只每次 10 万 ~15 万单位（每片 50 万单位）混饲，或每只 1/4 片喂服，每天 2~3 次，连续 5~7 天。严重的按喂服量配成混悬液，先灌洗嗉囊，后灌服，每天 1 次，连续 3 天。

② 曲古霉素（抗真菌、原虫药），按每只每次 4 000~10 000 单位（每毫克含 4 000 单位）混饲，每天 2~3 次，连续 5~7 天。

③ 克霉唑，按每只 2~4 毫克混入料中干喂，或用水悬液灌服。

对本病的预防，主要是搞好饲料、环境、栏舍的防霉工作，尤其是在梅雨季节，避免进料过多或饲料受潮湿。一旦发现此病，应及时投服特效治疗药物和进行全场规模的消毒工作，必要时应封锁场舍，待完全控制疫情后才解封。病死鸽、污染物、排泄物均应小心集中统一做无害化处理。

第十七节　球虫病

赛鸽的球虫与毛滴虫一样，同属于原虫，原虫，寄生在鸽体内，很难清理干净，由于我国鸽友比赛时不重视球虫的预防，有些鸽友很少听说球虫病对比赛的危害，有些鸽友因为误用球虫药伤害过种鸽而本能排斥球虫药，有些鸽友则认为自己鸽舍非常干燥，又是镂空鸽舍，所以不需要清理体内虫。殊不知，球虫是当今赛鸽运动中，影响赛鸽状态和健康的第一杀手，比赛前如不系统彻底清理球虫，则路训或比赛开始后，由于大量的运动量，特别容易导致赛鸽体能下降、球虫暴发，从而影响赛鸽状态和家飞比赛成绩。

鸽球虫病是由艾美耳属的球虫引起的肠道疾病，球虫虫卵经由鸽粪排出（夜间特别多），粪便如不及时清理干净并消毒，则虫卵在栖架或地板待一段时间后便具有感染力，在潮湿的情况下，它们的繁殖率会加速，如若被其他赛鸽吞入肚子，孵化为幼虫后便穿过并躲藏在肠壁里，经 7~14 天繁殖周期后，又开始排卵，而虫卵又会穿过肠壁薄膜随粪便排出，这个过程会使得肠壁受损，造成组织液里的蛋白和血液不断流失，造成黑舌尖，肠壁受损也会影响正常消化，导致营养吸收不良，赛鸽突然食欲下降，炸毛。病鸽排水样绿色或红色稀粪，水便上带有少量或大量气泡，肠道充血或出血等。

【临床症状】

详见图 4-133 至图 4-142。

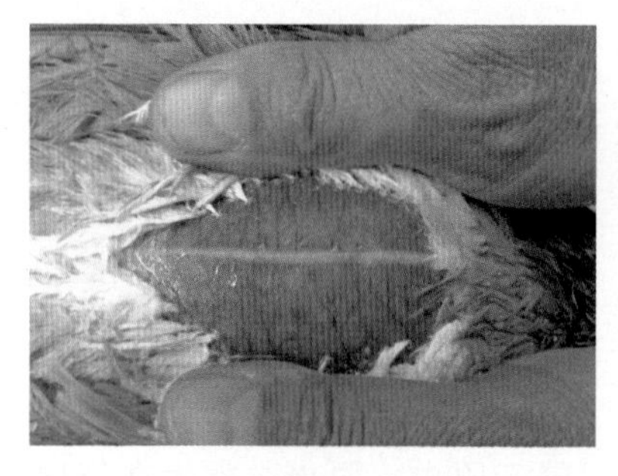

图 4-133　感染后机体干瘪、手感无水分

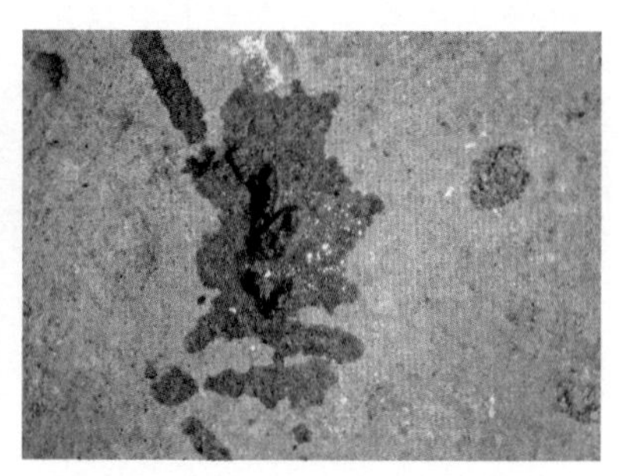

图 4-134　典型水绿便

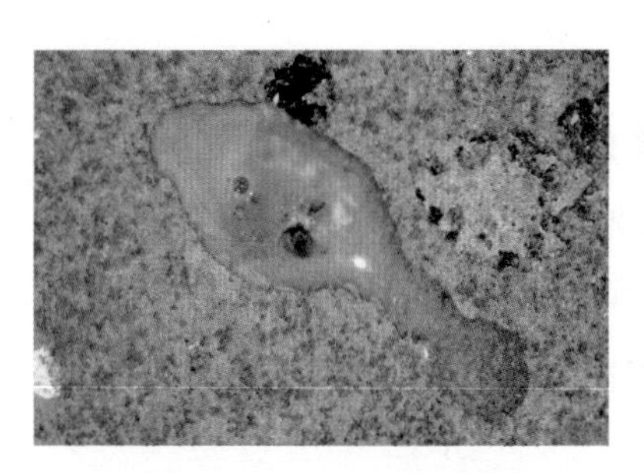

图 4-135 水泡样绿便

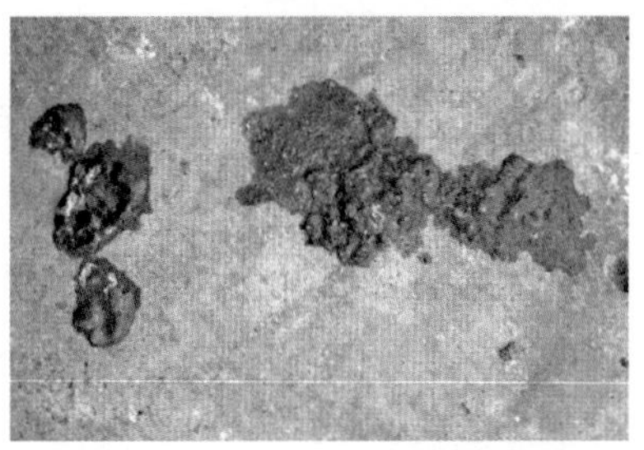

图 4-136 内有未消化的饲料

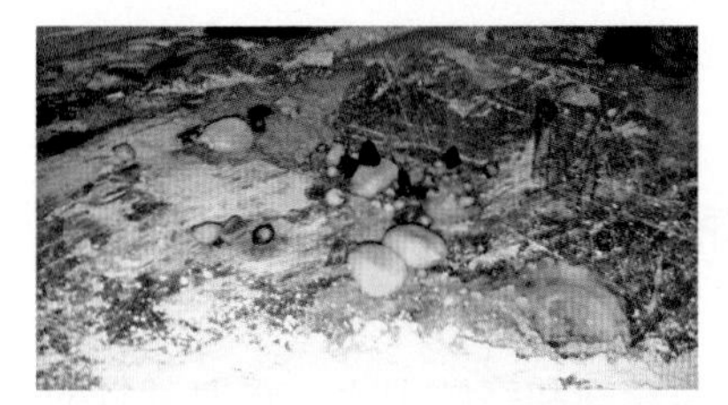

图 4-137 球虫引起吐食

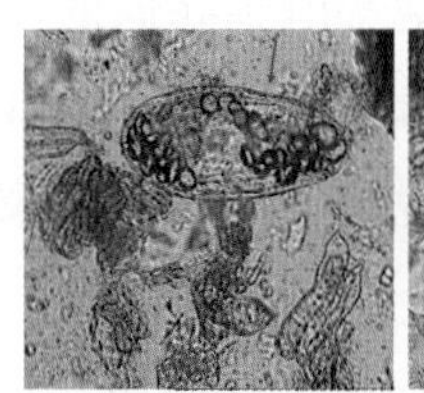

图 4-138 显微镜下球虫形态

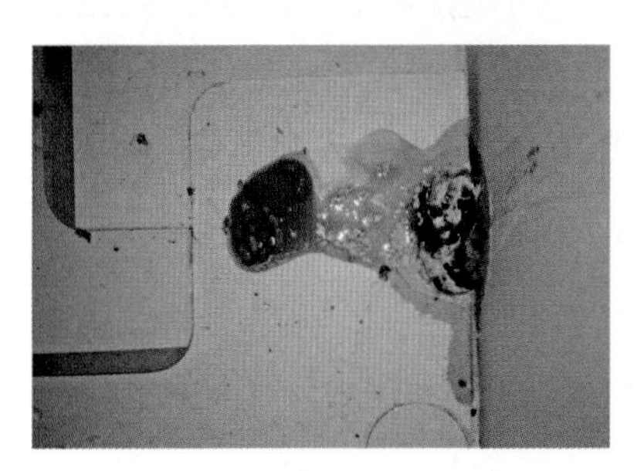

图 4-139 球虫引起的血便

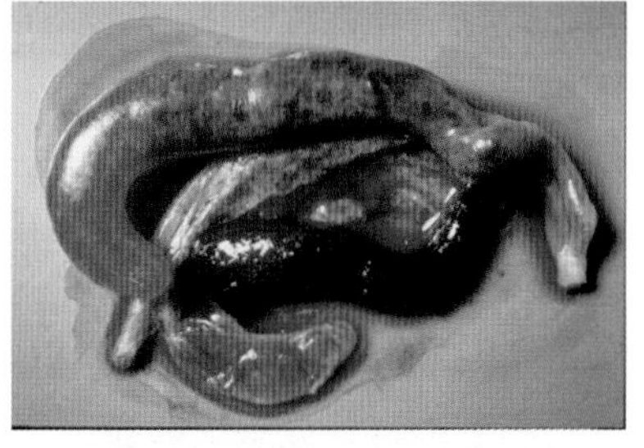

图 4-140 球虫引起的肠道出血

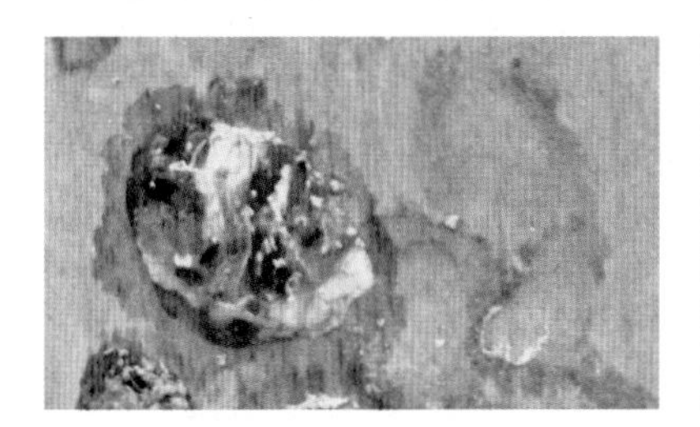

图 4-141 球虫血便

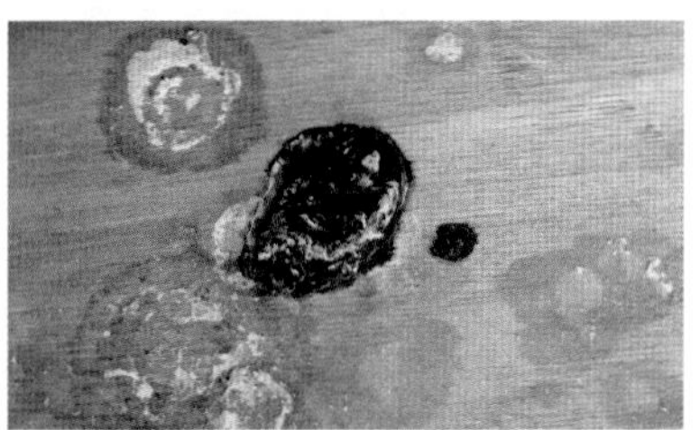

图 4-142 球虫引起血便

【科学防治方案】

（1）防治本病应搞好饲喂管理和粮食、保健砂的清洁卫生，鸽舍每天应清扫粪便一次，舍内地面也应保持干燥清洁。保健砂转潮后要在微波炉内烘干后再喂鸽。病鸽要及时隔离治疗，病鸽舍及被患鸽污染过的栖架等，均应用卫康防火墙进行喷洒消毒，以杀灭卵囊。

（2）治疗方法。球虫病多年来并不为广大鸽友所重视，但它确实越来越多地影响到我们的比赛，毛滴虫和球虫病，都是寄生在赛鸽体内的原虫病，赛鸽感染了这两种疾病，导致肌肉发紫、发黑、消瘦、脱水、拉稀、排绿稀水泡样粪便，家飞时间明显减少、易丢。

① 预防。防治本病应搞好饲养管理和清洁卫生，平时就针对杀灭卵囊和减少卵囊的存在采取相应的措施加以防范。笼养鸽注意清洗饲槽，并经常更换污染的垫料和垫板；群养鸽舍和青年鸽舍每天应清扫粪便 1 次，堆放压实，利用生物热进行发酵，杀灭卵囊；舍内地面也应保持干燥清洁。不同阶段的赛鸽应分群饲养，保持合理的密度，避免拥挤。病鸽要及时隔离治疗，病鸽舍及被患鸽污染过的工具、用具、栖架等，均应用 20% 生石灰水或其他消毒药液进行喷洒消毒，以杀灭卵囊。

② 治疗。治疗可选用以下任何一种，均可获得很好的疗效。

饮水型球虫剂。该药系苯乙腈类安全型高效抗球虫药，每瓶 100 毫升（内含地克珠利 500 毫克），使用时每 2 毫升可加于 1 升饮水中，搅拌均匀，供自由饮用，但必须当天用完；注意本品不能与酸性药物同时使用，注意水质，避免产生混浊现象，宜与其他抗球虫药交叉或轮换使用。

增效磺胺（增效磺胺嘧啶片或敌菌净、敌菌灵）。按 0.02% 饮

水，或每只 40 毫克混料，连用 7 天。

可爱丹。按 0.012%~0.025% 浓度拌料或饮水，连用 7 天。

青霉素。按幼鸽每只 0.7 万 ~1 万单位，青年鸽每只 1 万 ~2 万单位，饮水或肌内注射，连用 3 天。

其他抗球虫药。如三字球虫粉、氨丙啉、氯苯胍等均可防治。

【注意事项】

清理球虫期间，饲料宜喂清除清单饲料，减少或不喂豌豆和玉米等大颗粒饲料，喂驱虫药期间，不宜添加多种维生素、葡萄糖等营养剂。可以使用蓝色电解质进行排毒护肝。

第十八节　毛滴虫病

鸽毛滴虫是一种单细胞原虫寄生虫，毛滴虫对赛鸽具有极强的先天亲和力，也就是说，赛鸽对毛滴虫几乎不能产生任何免疫抵抗能力，即使在管理最好的鸽舍，毛滴虫的检出率也超过 85%，成鸽感染毛滴虫后可不产生明显症状，而幼鸽在 15 天内或大量病原体入侵机体的情况下，自身抵抗力减弱，可导致本病从感染状态进入发病状态，呈现出一种严重的混合感染状态，因此毛滴虫是鸽友平时鸽舍管理所应该最需要认真对待的疾病，是需要定期进行反复清理的鸽原虫类寄生虫疾病之一。

本病又称“口癀”。主要是接触性感染（如饮水、交吻、哺育鸽乳），最常见的特征变化是口腔和咽喉黏膜形成粗糙纽扣状的黄色沉着物；湿润者，称为湿性溃疡；呈干酪样或痂块状则称为干性溃疡。脐部感染时，皮下形成肿块，呈干酪样或溃疡性病变；波及内脏器官时，便引起黄色粗糙界线明显的干酪样病灶，导致实质器官组织坏死。

正常毛滴虫成虫从交配繁殖到下一代生长需要 21~24 天的时间，这一周期可受到多种因素的影响而缩短，比如夏季饲喂大量的肝精、液体维生素、饲料中拌入大量的果糖、蜂蜜或维生素，或者饲养环境潮湿度非常大（南方的梅雨季），则 7~14 天即可达到一个繁殖周期。

比赛期间，毛滴虫是最影响赛鸽状态的罪魁祸首，尤其当受到紧迫时，疾病就会暴发出来，当毛滴虫感染数量高时，在寄生虫影响的典型效益下，赛鸽的体质就会衰弱下来，接着便很容易受到继发性感染，特别是呼吸道感染，进而倦飞、无力，食欲下降。同时，产生的毒性物质会让赛鸽感觉非常不舒服，如果在换羽期严重感染毛滴虫，鸽子的换羽速度明显下降，日常家飞的赛鸽严重感染毛滴虫时，就会出现晚上用电筒照时吧唧嘴，吐舌头，用手抓握时会有沉重的感觉，排出的粪便像一团清水般的液体环绕。

【发病症状及病变特征】

详见图 4-143 至图 4-156。

图 4-143　幼鸽精神萎靡

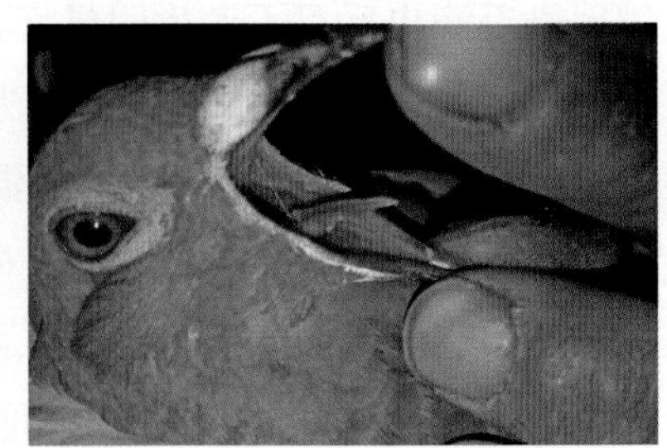

图 4-144　口腔严重感染后出现拉丝现象

图 4-145 鼻毛逆立

图 4-146 幼鸽严重感染毛滴虫导致虚弱消瘦

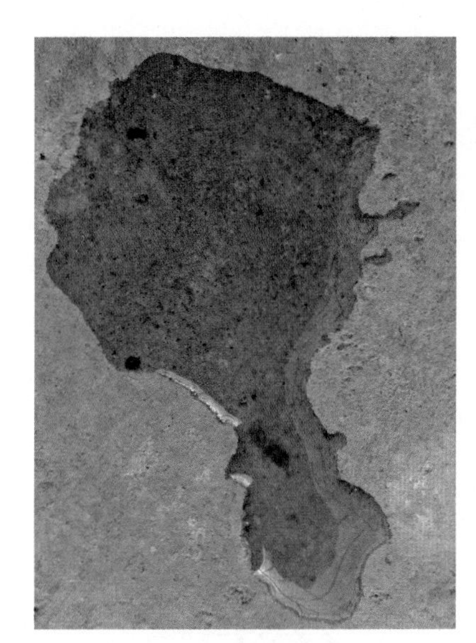

图 4-147 典型毛滴虫水便

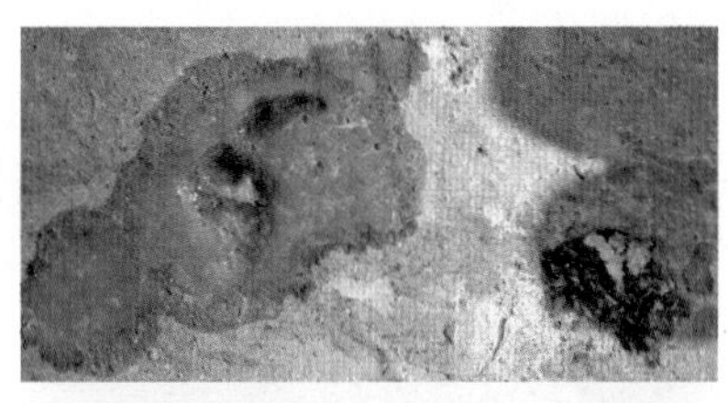

图 4-148 带泡沫样稀便

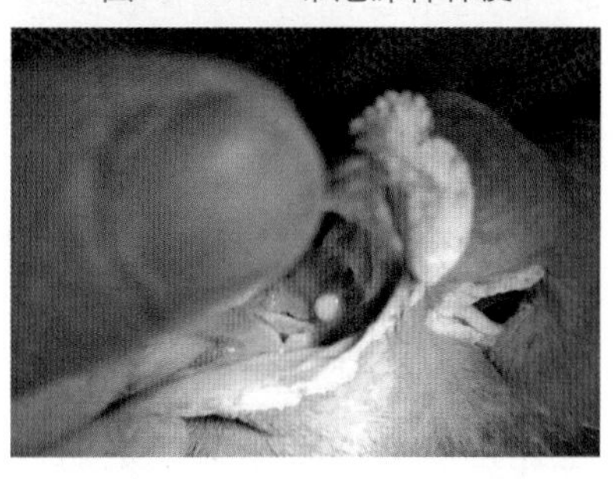

图 4-149 口腔上颚严重感染毛滴虫

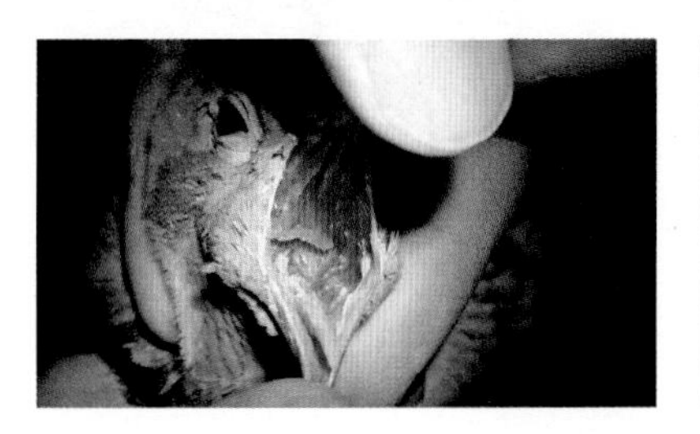

图 4-150 口内生癀

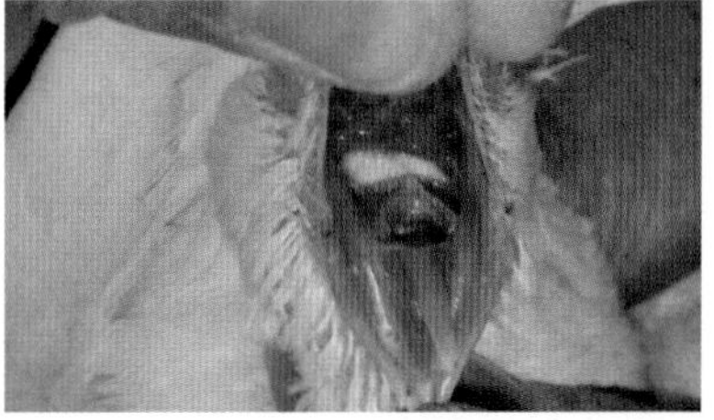

图 4-151 毛滴虫和鸽痘混合感染

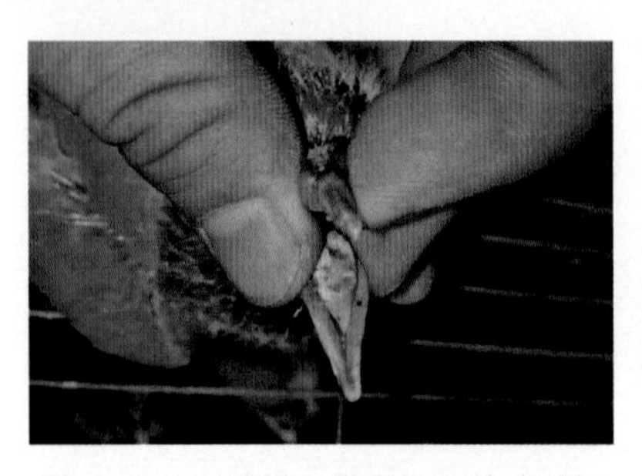

图 4-152　严重的霉菌和毛滴虫感染

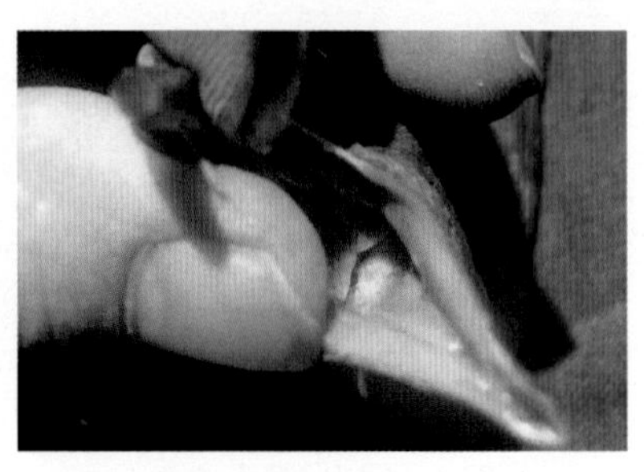

图 4-153　严重口癀和鹅口疮混合感染

图 4-154　雏鸽腹腔严重感染毛滴虫

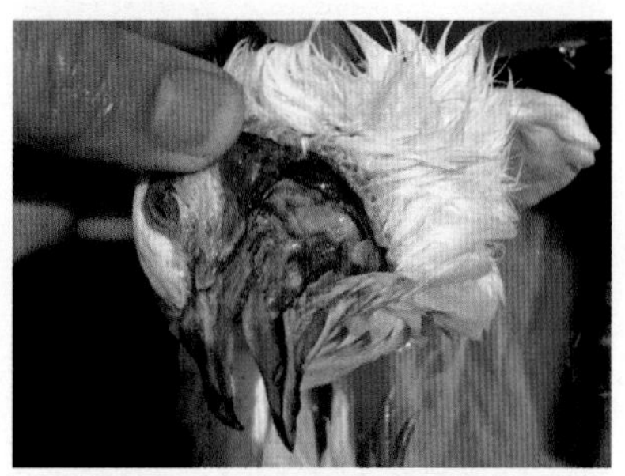

图 4-155　幼鸽严重的口癀

【科学防治方案】

（1）预防措施。预防本病主要应在平时定期检查鸽群口腔有无带虫，最好每年定期检查数次，怀疑有病者，取其口腔黏液进行镜检。在饲养管理上，成鸽与童鸽应分开饲养，有条件的成鸽单栏饲养，幼鸽小群饲养，并注意饲料及饮水卫生。病鸽和带虫鸽应隔离饲养，并用药物治疗。

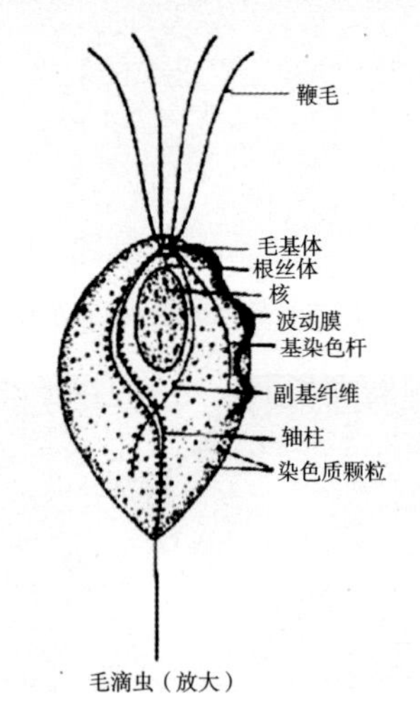

图 4-156　毛滴虫放大图片

（2）治疗方法。治疗可以采取下述方法。

① 结晶紫。配制成 0.05% 的溶液，自由饮水，连用 1 周。可以作预防和治疗之用。

② 二甲硝咪唑。配成 0.05% 水溶液，连续饮用 3 天，间隔 3 天，再用 3 天。

③ 甲硝哒唑。配成 0.05% 水溶液代替饮水，连用 7 天，停服 3 天，再饮 7 天，效果较好。

④ 碘液。经 1∶1 500 稀释饮用 3~5 天，或在 4~5 升水中加入 2 茶匙的季胺类杀虫药饮用，对本病的治疗有一定的作用，但效果不如以上药物。

⑤ 硫酸铜。配制成 1∶2 000 水溶液作饮水，对鸽的上消化道毛滴虫具有抑制作用。

⑥ 碘甘油或金霉素油膏。用 10% 碘甘油或金霉素油膏涂在已除去了干酪样沉积物的咽喉溃疡面上，效果很好。若遇泄殖腔型的，经过消毒清洗后，在肛门周围和肛门腔中 1 厘米深的区域内，每日涂敷以上药物 1 次，一般连续用 5~7 天，也有一定的疗效。

⑦ 滴锥净。用人妇科用的滴锥净片配成 1∶10 的溶液，以棉签蘸取涂于局部患处，每日 1 次，一般经过 1 周左右，黄色干酪样物会自行脱落或很容易被剥离掉。

⑧ 鸽滴威。配成 0.1% 鸽滴净水溶液，供鸽群饮用 2 天，即能全部消除体内活虫体。疗效显著，是一种既高效又安全的良药。

第十九节　其他体内寄生虫感染

赛鸽体内常见的寄生虫有蛔虫、绦虫、线虫、丝虫病，虫体寄生于鸽的小肠、食道、腺胃、肌胃、肝脏或体腔，夺取营养物质，破坏肠壁细胞，影响肠道的消化吸收功能，并产生有毒代谢产物，导致赛鸽发病，明显消瘦，消化功能障碍，生长发育受阻，长羽不良，严重的也可导致死亡。

【流行特点】

各种日龄的鸽都可感染发病。幼鸽易受感染，尤其是与种鸽隔离后的幼鸽，对体内虫更易感染，病情也较成鸽严重。成鸽的易感性较低，只有虫体较多时，才会引起严重损伤以至死亡。鸽只有食入具有感染性的虫卵才会患本病。饲料、饮水、保健砂、泥土、垫料被带有虫卵的粪便污染，都是本病的主要传播途径。无症状的球虫感染鸽对蛔虫的易感性增强。

【发病症状及病变特征】

本病症状的轻重与感染蛔虫的多少密切相关。轻度感染时，无可见症状；严重感染时，鸽的食欲、飞翔能力等会明显下降，甚至出现麻痹症状；时间较长时，病鸽体重减轻，明显消瘦，垂翅乏力，常呆立不动，黏膜苍白，表现便秘与腹泻交替，粪中有时还带血或黏液。羽毛松乱，趾部水肿。啄食羽毛或异物，除头颈外，体表的其他部分长羽不良，食欲不振，皮肤有痒感，有时还可出现抽搐及头颈歪斜等神经症状。剖检可见病鸽肠道苍白、肿胀，上段黏膜损伤，肠道内可见蛔虫数量不等，严重时竟达几百条之多，阻塞整个肠管，严重损害肠道功能。因此，定期驱虫控制感染极为重要（图 4–157 至图 4–168）。

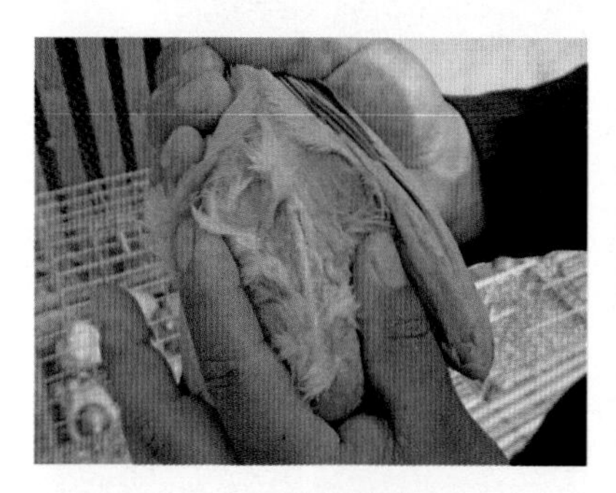

图 4–157　鸽体消瘦、脱水

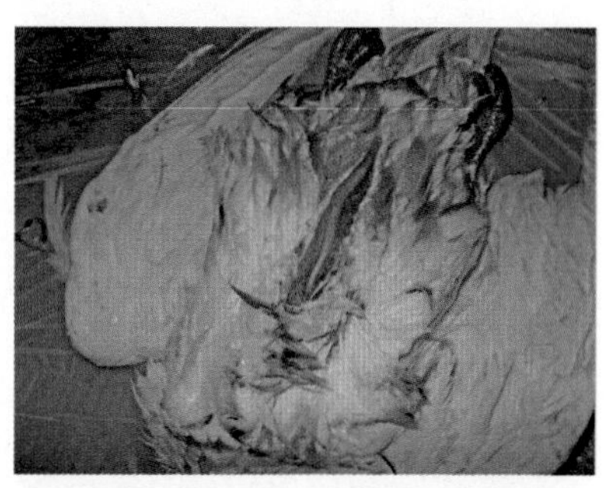

图 4–158　幼鸽龙骨弯曲，极度消瘦

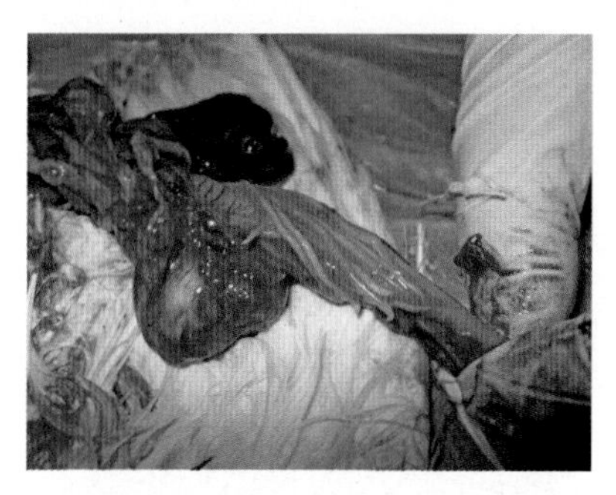

图 4–159　蛔虫成虫充满肠道

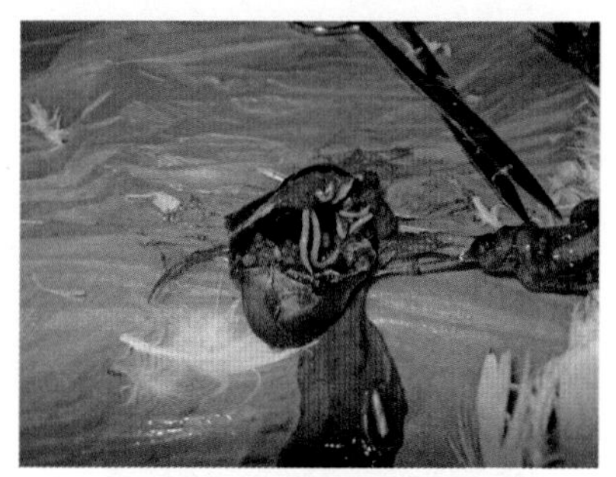

图 4–160　蛔虫成虫钻入肌胃内

图 4–161　病鸽呕吐排出线虫

图 4–162　病鸽排出绦虫虫体

图 4-163　显微镜下观察到虱

图 4-164　蛲虫

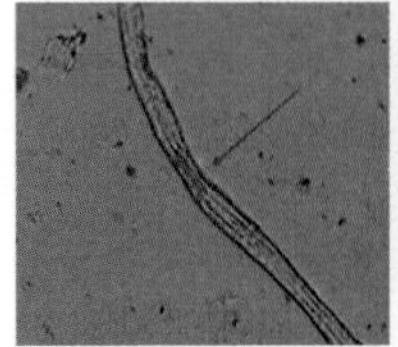

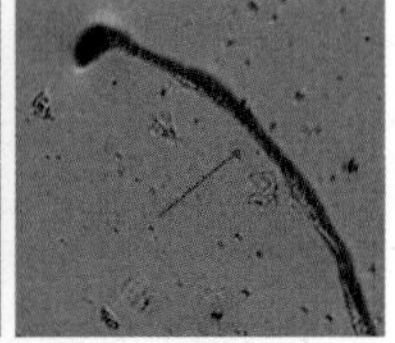

图 4-165　显微镜下观察到绦虫

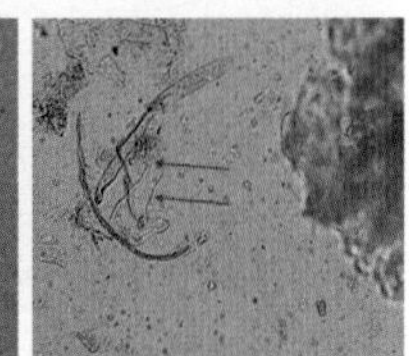

图 4-166　显微镜下观察到线虫

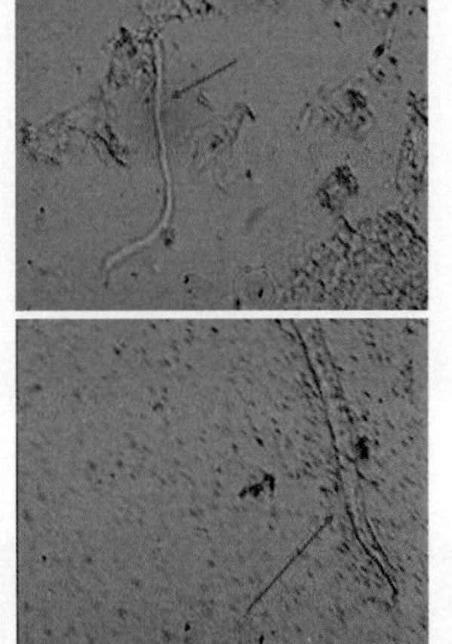

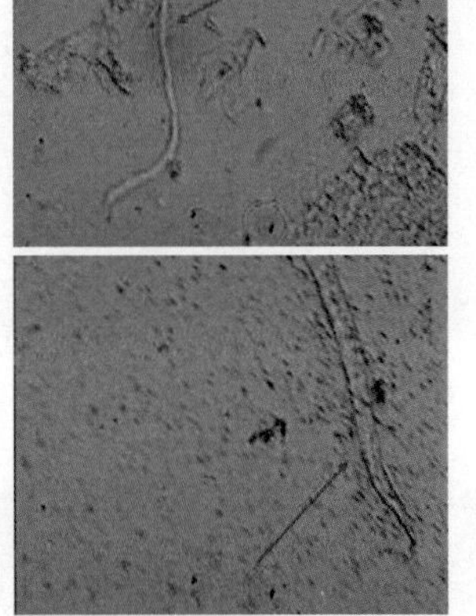

图 4-167　显微镜下观察到蛔虫

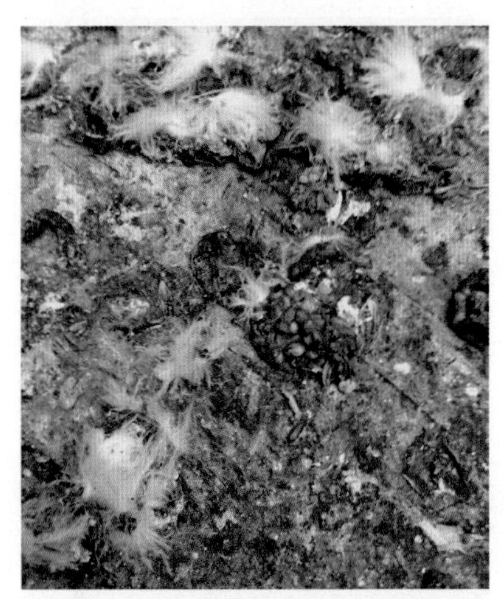

图 4-168　体内虫感染排出未消化的饲料

【科学防治方案】

（1）预防措施。平时应注意搞好鸽舍的清洁卫生，尤其要及时清除粪便，要求 1～3 天清粪 1 次，并尽量避免鸽与粪便接触，确保饲料和饮水卫生；鸽舍、食槽以及饮水器等要每天清洗，定期消毒。同时，要定期驱虫，一般赛鸽每 2~3 个月全群驱虫一次；成鸽每年驱虫 1~2 次；赛鸽于比赛前一个月驱虫 1 次。

（2）治疗方法。驱虫药物可选用以下几种。

① 盐酸左旋咪唑。每次每只半片（每片 25 毫克）或每千克体重 1 片，晚上喂服。轻者 1 次，重者 2 次。驱虫效果可靠。

② 哌哔嗪（驱蛔灵）。每次每只半片，或按每千克体重 200~250 毫升，连用两晚，在驱虫的同时，还应在次日消除粪便。

③ 四咪唑（驱虫净）。按每千克体重给药 40~50 毫克的剂量喂服。

④ 抗蠕敏（丙硫苯咪唑）。按每千克体重 30 毫克，早晨空腹经口投服；也可拌于当天 1/3 的饲料中服用。但产蛋鸽偶见引起产蛋量下降。

⑤ 敌百虫。用 0.1% 敌百虫溶液消毒场地。

1 次驱虫不一定能彻底驱净，最好隔 1 周再驱 1 次，在驱虫后还应增加营养，多喂含维生素 A 的 AD_3 粉、维生素 AD_3E 乳剂或鱼肝油，尽快医治肠道创伤。

第二十节　体外寄生虫感染

赛鸽常见的外寄生虫有羽虱、羽螨、皮刺螨、气囊螨，呈世界性分布，种类很多，具有严格的宿主特异性，寄生于鸽体表的主要有鸽长羽虱和鸽羽虱。羽虱以羽毛为食，但有时也吸血。由于羽毛虱永久寄生在鸽身上，因而对鸽的危害极大。

【临床症状】

详见图 4-169 至图 4-178。

图 4-169 体表螨虫

图 4-170 气囊螨虫

图 4-171 显微镜下螨虫

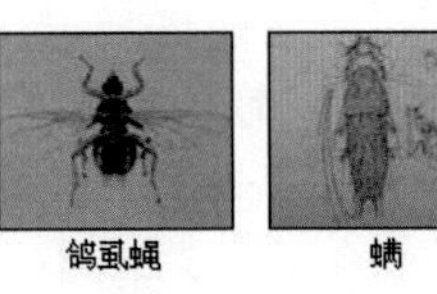

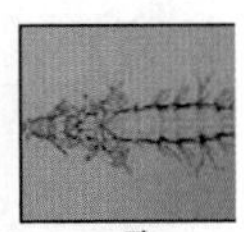

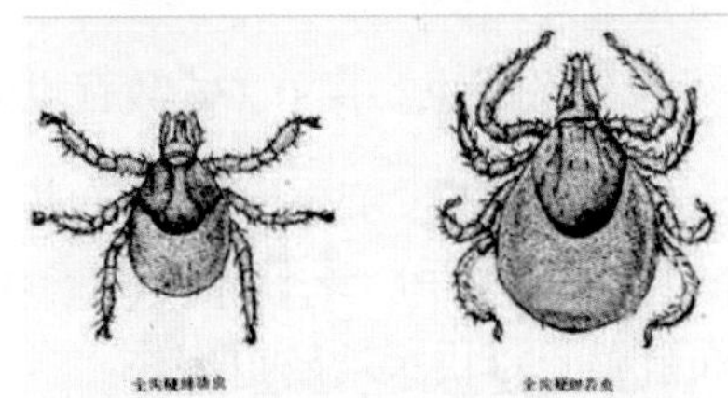

图 4-172 各种体表寄生虫

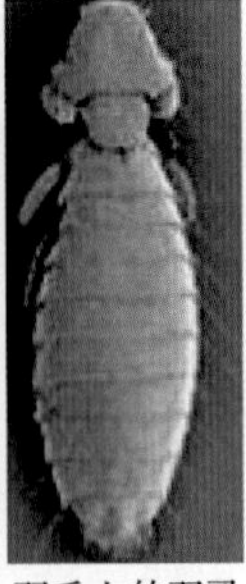

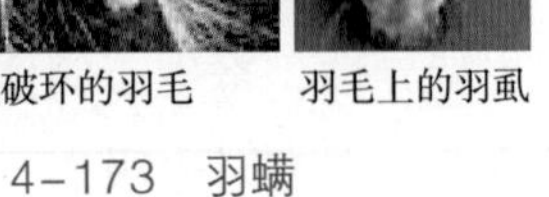

4-173 羽螨

图 4-174 赛鸽脖羽螨虫

图 4-175　严重的羽虱

图 4-176　羽虱破坏羽质

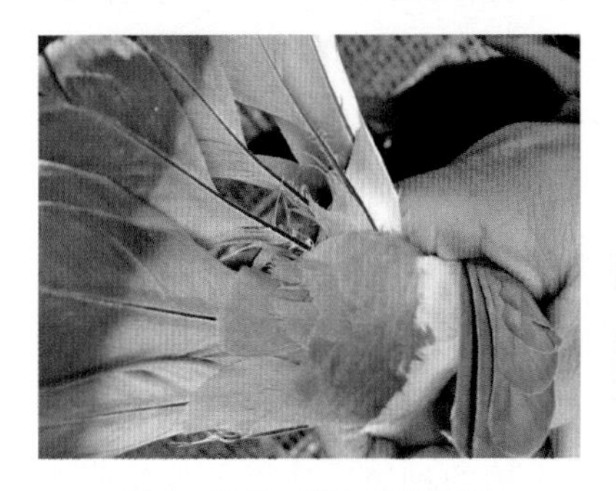

图 4-177　螨虫咬噬羽毛

图 4-178　尾羽被螨虫咬噬

【科学防治方案】

加强鸽舍卫生和饲喂管理，坚持对鸽舍、鸽巢、运动场、用具和运输工具彻底清洗消毒。

对感染鸽做好必要的治疗，可采用杀虫药沙浴、水浴或撒粉，须进行 2 次，间隔 7~10 天。具体操作方法如下。用虱螨体虫清 5 毫升对水 5 升进行水浴或虱螨一喷净喷雾，一般在药浴 1~2 周内杀虱效力可达 100%。但要求进行 2 次治疗，间隔 7~10 天进行 1 次即可。此法宜在天气暖晴时采用，在直接防治的同时，还要用同样药物消毒鸽舍，以期较全面地扑杀羽虱。

第二十一节　不孕不育与外科手术

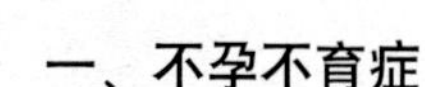

一、不孕不育症

【病因】

种鸽不育不孕的原因很多，一是到新的陌生环境，种鸽应激因素影响所致；二是年龄偏大，精子活力不足或雌鸽排卵障碍所致；三是大肠杆菌、沙门氏菌等疾病导致输卵管或卵巢炎症所致。

【科学防治方案】

（1）应激因素所致多见于超级种鸽，母性和恋巢性极强的种鸽，人为更换配偶及转入其他鸽舍均可导致，只能由鸽主培养与种鸽感情，非药物所能治疗。

（2）针对年龄偏大，不产蛋或无精的种鸽，建议单独静养两周，静养期间，使用“钙力奇”给种鸽饮用，“维诺蛋白”+“魔高矿力粉”混合供种鸽拌料湿喂，每天早晚各一次，连用 1~2 周，同时使用“老鸟回春丸（雄鸽）”或“老鸟生子丸（雌鸽）”2 粒 +

“维诺速补丸”2 粒口服，连用 10～14 天，静养期结束后，休息一周即可再次配对。配对时尽量使用“老雄配小雌”或“老雌配小雄”组合。

（3）针对疾病导致的种鸽，可隔离静养 1 周后，使用人用“阿莫西林胶囊”或“头孢拉定”胶囊 1 粒 +“老鸟回春丸（雄鸽）”或“老鸟生子丸（雌鸽）”2 粒 +“维生素 E 软胶囊”1 粒，混合填喂种鸽，每天 1～2 次，连用 7～10 天，静养 1～2 周后再行配对。静养期间，使用“钙力奇”给种鸽饮用。

详见图 4-179 至图 4-186。

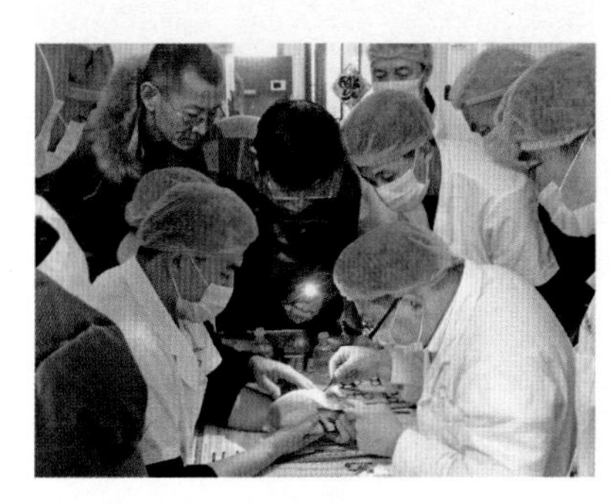

图 4-179　为鸽子施行手术

图 4-180　为鸽子做肿瘤手术

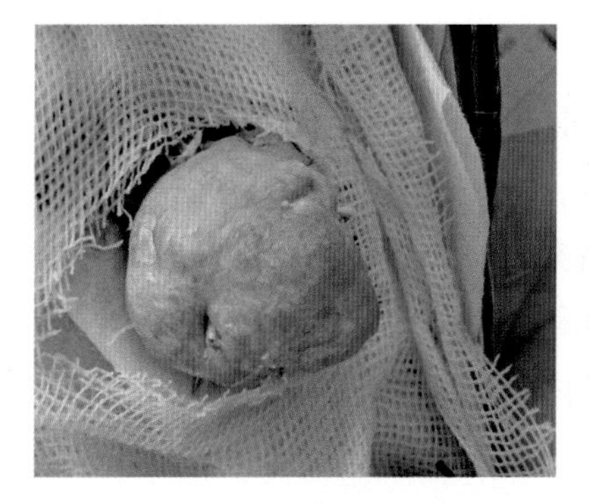

图 4-181　种鸽脂肪瘤

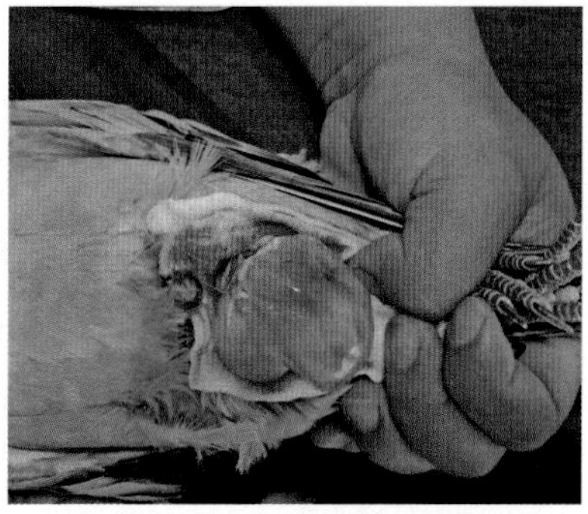

图 4-182　雌鸽卵巢囊肿

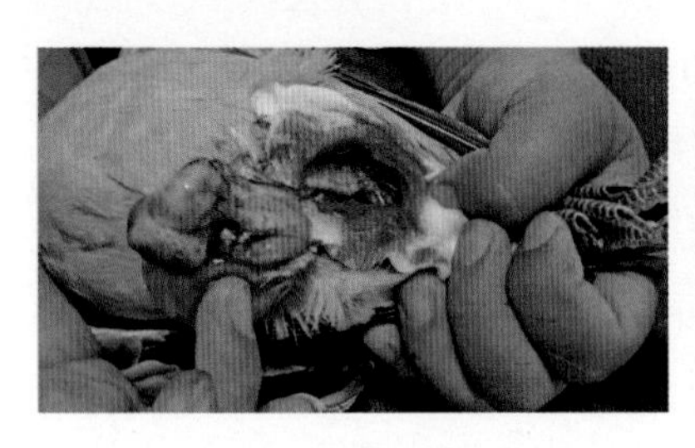

图 4-183　雌鸽输卵管炎手术

图 4-184　雌鸽严重的腹腔病变

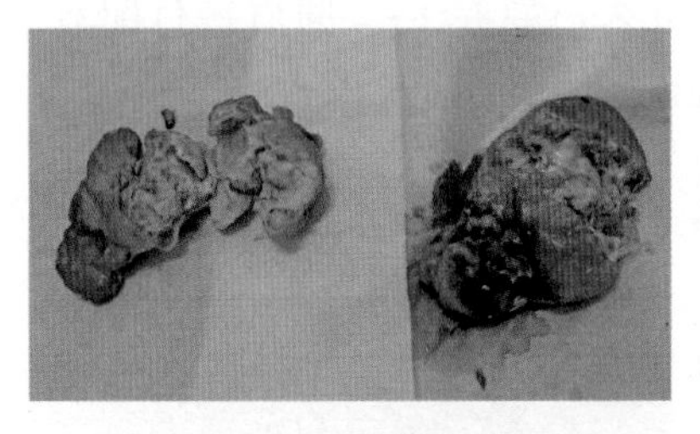

图 4-185　手术摘除的肿瘤

图 4-186　严重输卵管坏死引发败血症死亡

二、外科手术

赛鸽由于飞行和竞翔天性，会出现各种外伤和意外，因此外科疾病也司空见惯，鸽友及从事赛鸽疾病诊疗的必须掌握以下几种常见外科临床治疗原则。

1. 皮肤裂伤

外伤多发生在选手鸽训练期，鸽子撞击电线、天线、避雷针或树枝，轻微者鸽子脱毛淤血，严重者皮肤裂伤、嗉囊破裂，胸骨、腿骨、羽翼骨折或死亡。

轻微淤血以水溶性去淤血消炎、消肿软膏涂敷，如有伤口则避免直接涂抹，皮肤裂伤需以外科手术缝合，并严密消炎及细心护理，以防感染发炎，正常鸽子体温较高较不易发炎，但仍需做好消毒，并让其休息停止飞行训练，以防伤口裂开，尤其胸部皮肤裂伤。

2. 嗉囊破裂

伤口部位通常都有脏污，最好由专业兽医处理，外科缝合后须注意控制饮水数量，以利伤口愈合，并注意有无渗水情形，让鸽子休息并补充营养。

3. 骨折

依受伤部位，而有不同处置，羽翼骨折复原后，大都难以再竞翔，胸骨（龙骨）断裂或陷凹须防碎骨片及肌肉组织坏死蓄积（图 4-187）。腿骨最易骨折，最上端与身体连接为股骨，再下接胫骨腓骨，再其次为套脚环的趾骨，股骨较少发生骨折，固定较不易，胫骨骨折最常见，且为非单纯骨折常合并皮肤肌肉裂伤及骨破碎穿出，须以外科手术治疗固定，一般 2~3 周复原。趾骨骨折（套脚环部位）最易引起脚步肿胀，加上脚环的束缚而使病况加剧，须特别注意固定及护理。

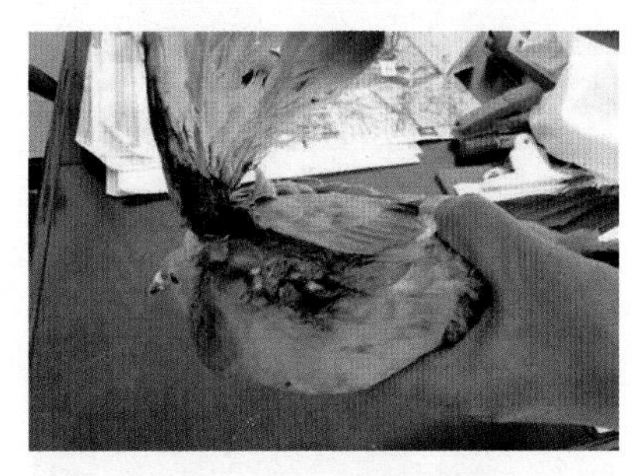

图 4-187　翅膀撞伤

4. 气囊破裂

鸽子有 9 对气囊，除锁骨气囊为一个外，其余均为双数，包括腋窝气囊、颈气囊、前胸气囊、后胸气囊、腹气囊。气囊具有呼吸，减轻体重、调节温湿度、气压等作用，鸽子受到撞击或其他因素会导致体内气囊破裂，如颈气囊破裂则吸进空气会渗出蓄积在颈部皮下形成气囊，患鸽须将气体抽出或排除，并避免剧烈运动，最好隔离休息，同时口服头孢拉定 1 粒、甲硝唑 1/2 片，每天一次，连用 3 天，4~5 天复原，不影响飞行（图 4-188 至图 4-191）。

图 4-188　气囊破裂

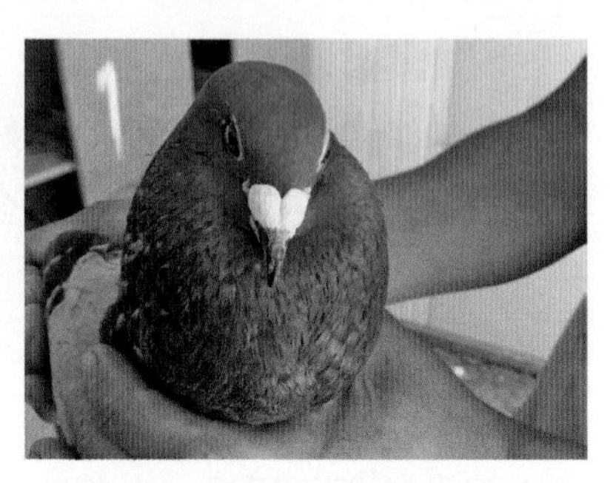

图 4-189　气囊破裂

图 4-190　气囊破裂

图 4-191　幼鸽气囊破裂

5. 脱肛

种母鸽较常见，产蛋后外泄殖腔脱出肛门口，与经常产蛋、同性恋或运动不足有关，患鸽须以外科手术治疗，有时会复发。

6. 腹腔赫尼亚

与体质、过胖或运动不足有关，患鸽腹腔内之肠管或脂肪块穿过破裂之腹肌形成膨大部，无立即危险，严重者须行外科手术，预后情形良好。

7. 各种瘤

黄皮瘤：属良性皮肤瘤，种鸽较常见，多发生在腹部、羽翼或腿部，如肿瘤范围不大则无须手术，不影响健康及育种。

血管上皮瘤：多发在颈部，易破皮流血，成长迅速，严重者须外科手术切除，有些会复发（图 4-192 、图 4-193）。

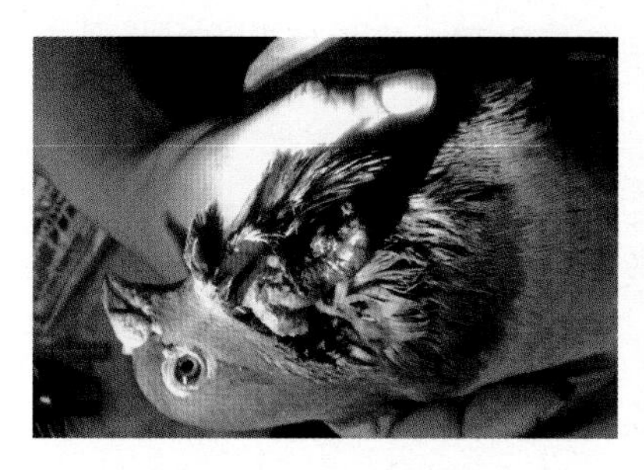

图 4-192　血管上皮瘤

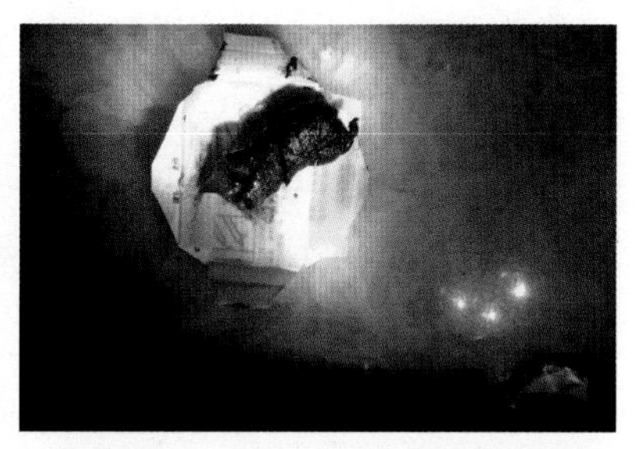

图 4-193　上皮瘤手术切除后病灶

脂肪瘤：特异体质、缺少运动、浓厚饲料、过胖的鸽子容易产生本症，脂肪大多积在腹腔及胸腹腔皮下，有时会造成赫尼亚，严重者须以手术摘除，预后情形良好（图 4-194）。

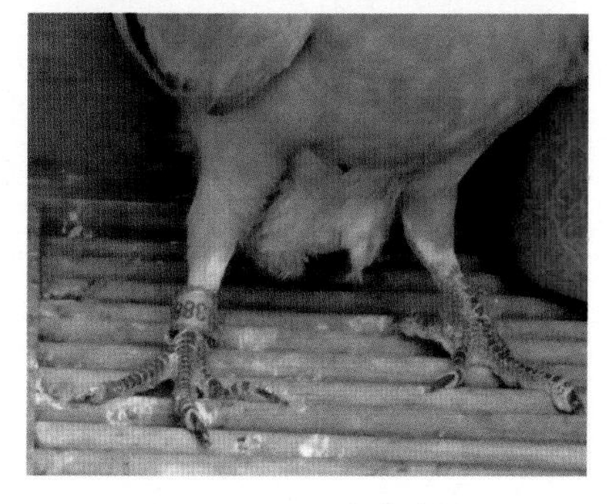

图 4-194　种鸽油裆

口腔内恶性瘤肿：种鸽偶尔可见，由口腔上颚近喉头处发出，生长迅速，影响鸽子进食及呼吸，治疗困难。

淋巴瘤：属恶性瘤，发生原因还不很清楚，可能与病毒有关，多发生在腹腔，造成腹部隆起，肝肿大且有结节，呼吸困难，目前无药物可以治疗。

卵巢瘤：种母鸽常发生，发生原因仍不明，可能与密集配对、产蛋、感染、内分泌不正常或药物有关，初期时积水，继而变硬成结节状，腹部隆起，压迫内脏器官及心脏，使鸽子行动迟缓，呼吸困难，可能会转移至其他脏器，严重者死亡，手术后可能导致无法再产蛋。

8. 输卵管炎

种母鸽腹部隆起有时为输卵管发炎所致，初期鸽子逐渐消瘦，偶有白色炎症物随粪便排出体外，继而炎症物逐渐变硬，使输卵管组成膨大变脆硬，进而迸裂，影响日后产蛋，须提早发现以防造成不能产蛋。

9. 脚环束缚引起之坏死

种鸽常见脚环内因污垢堆积致血液循环不良，引起末端肢爪之肿胀坏死。

建议：种鸽从定期检查及清除脚环内之皮屑污垢，以及不必要之脚环，尤其过小者则予以剪除。

10. 泪眼症

鼻瘤大或眼皮特别肥厚者常会造成眼皮增生、压迫摩擦鸽子眼球及泪腺造成眼液增多，加上外界灰尘刺激容易引起细菌感染而发炎，有些鼻瘤甚至影响视线及进食。

建议：送请专业兽医师检查，通常经由外科手术可以获得改善，平时减少饲养密度，保持清洁以避免眼睛受刺激。

第二十二节　交叉混合感染的诊断与防治

近年来，随着赛鸽运动的大力发展，公棚和职业鸽舍饲养数量的激增，导致鸽病呈现复杂的交叉感染和混合感染，从本质上讲，鸽病很多时候都是混合感染，也就是说，每种疾病都是由 2 种或 2 种以上的病原菌混合形成，有时疾病只侵入一个器官系统，有时侵

入多个器官，由于赛鸽特殊的生理结构，所有的器官都是相互联系相互作用的，因此交叉混合感染现象就异常普遍而多发，这给鸽友临床辨别和用药带来困难。

病原体经常无症状地削弱鸽子抵抗力，其他与其完全无关的病原体利用这个机会在其他部位和器官引起有症状的疾病。如果只治疗第二种有症状的疾病，则病症可以在短期内完全消失，但不久以后疾病又会卷土重来。为了彻底治愈疾病必须对第一种病原体，即“原发者”进行治疗。“原发病原体”再次侵入的时间完全取决于鸽子的状况和对鸽子的照料，对此我们不再进一步进行探讨，但要提请注意，发病不但和病原体的浓度有关，而且不间断的心理压力也会削弱抵抗力。

这里只列举一些养鸽者经常遇到的情况。

一个由于不良管理而引起混合感染的经典例子，养鸽者深信他的鸽子能只靠饲料和水在整个赛季中经受住超常体能考验。起初只出现一些小疾病，因为每次飞行都不同程度地削弱鸽子的免疫系统，所以在艰苦飞行几周后会出现轻度球虫和毛滴虫病。随着时间的推移寄生虫在体内不断增多，它们侵蚀消化系统的黏膜，破坏肠道的吸收功能，导致营养不良。这样鸽子产生防御细胞和防御物质的能力不断减弱，球虫和毛滴虫不断增多，那些在平时从不感染鸽子的病原体利用这个有利条件侵入鸽体，这时由于感冒病原体很容易繁殖，所以养鸽者会察觉到鸽子流泪、打喷嚏和呼吸鸣声，这时只对呼吸道进行治疗显然是不够的。如果出现这种情况必须对整个状态进行调整。

1. 巴拉米哥和沙门氏菌混合感染

赛鸽上笼或进入公棚隔离期间，通过与巴拉米哥病毒携带鸽的接触或免疫失败均可感染，如用药不当，大剂量抗生素投喂，极易剖坏赛鸽肠道菌群，同时病毒侵害机体全身，导致胃肠系统和免疫系统崩溃，增加了交叉感染的概率，赛鸽实质气管严重出血，肠道严重出血淤青。

【临床症状】

详见图 4-195 至图 4-200。

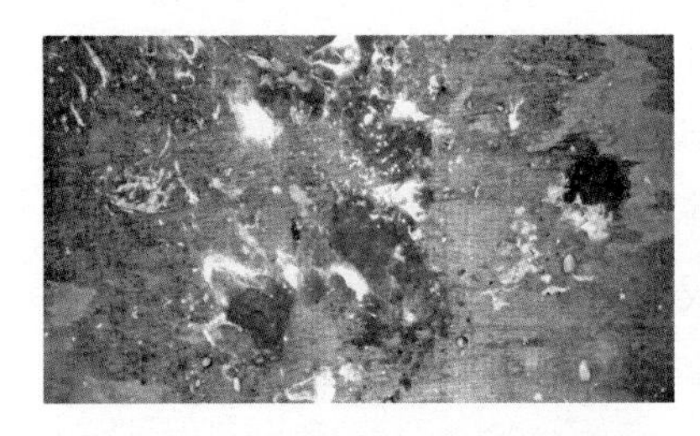

图 4-195　严重混合感染拉墨绿便

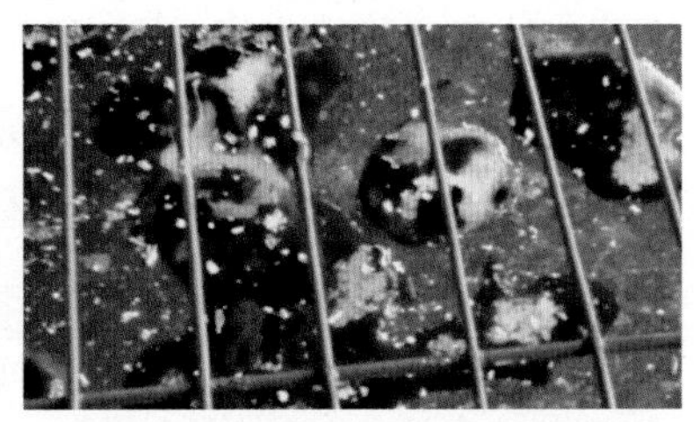

图 4-196　病鸽排出严重绿脓便

图 4-197　病鸽歪头神经症状

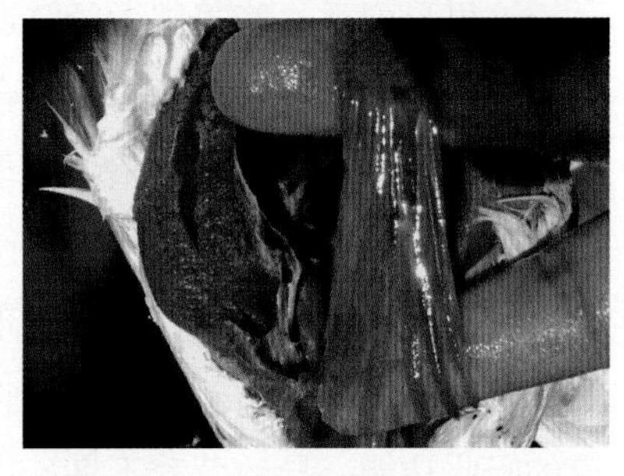

图 4-198　死亡鸽肌胃腺胃交界处出血带

图 4-199　急性死亡鸽排出严重油漆样水便

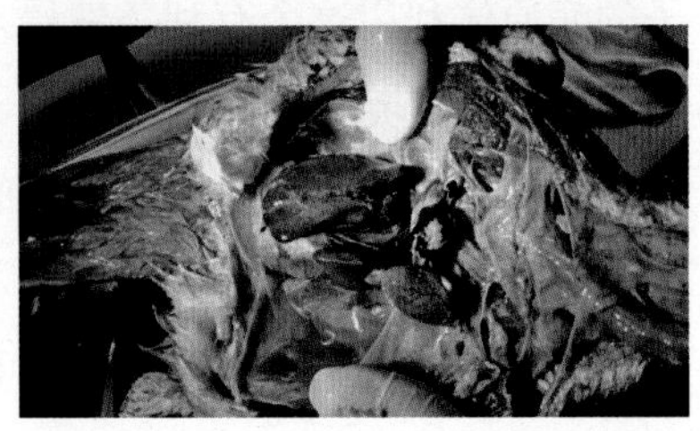

图 4-200　副伤寒沙门氏菌肝脏发绿

【科学防治方案】

加强鸽舍卫生和饲喂管理，发生疫情的鸽舍和接触过的用具和运输工具彻底清洗消毒。对感染鸽做好必要的治疗，可参考本书第五章节抗病毒药物使用分类与剂量进行。

2. 巴拉米哥、衣原体和毛滴虫混合感染

本病多发于公棚，尤其是 5、6、7 三个月（俗称的黑三月），病鸽突然歪头，单侧或双侧眼睑肿大，鼻毛逆立，病鸽鼻瘤发黑，羽毛脏灰，带有明显的眼水水渍，口腔内可视黏膜发紫、潮红，口腔上颚皱褶部位锯齿状绒毛消失或不复存在，鸽口腔内严重起痰，消瘦，病程较长，多于 7~14 天后逐步衰竭死亡。

【临床症状】

详见图 4-201 至图 4-206。

图 4-201　严重的衣原体毛滴虫混合感染

图 4-202　衣原体毛滴虫混合感染

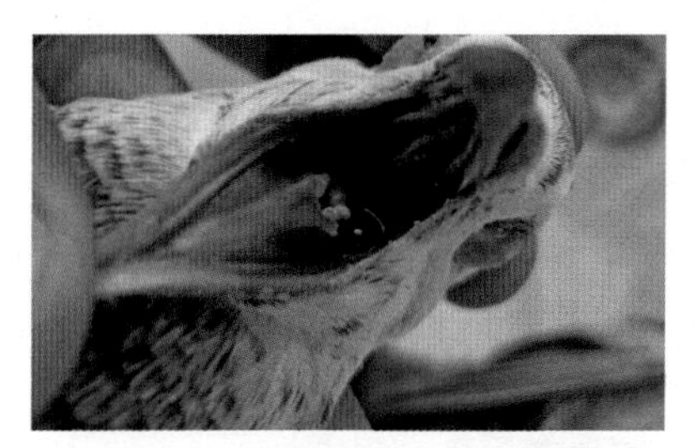

图 4-203　口腔内可视黏膜发紫、潮红

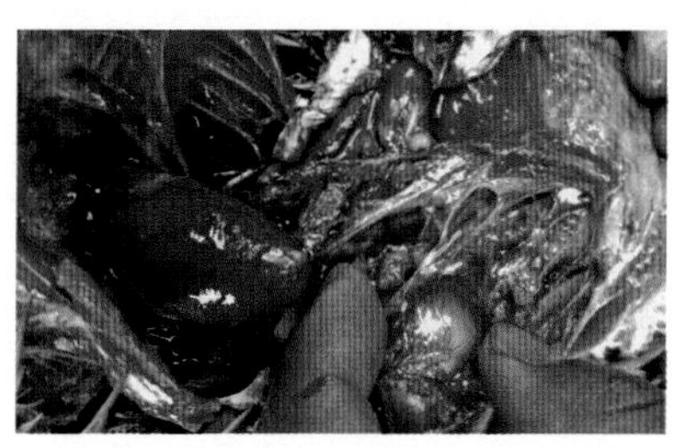

图 4-204　内脏器官严重出血

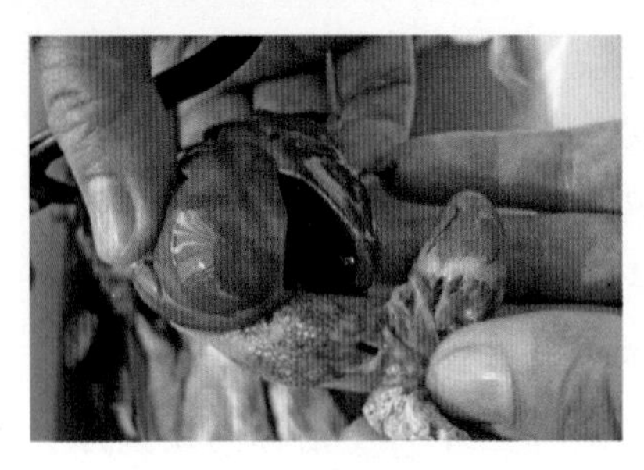

图 4-205　腺胃乳头出血点

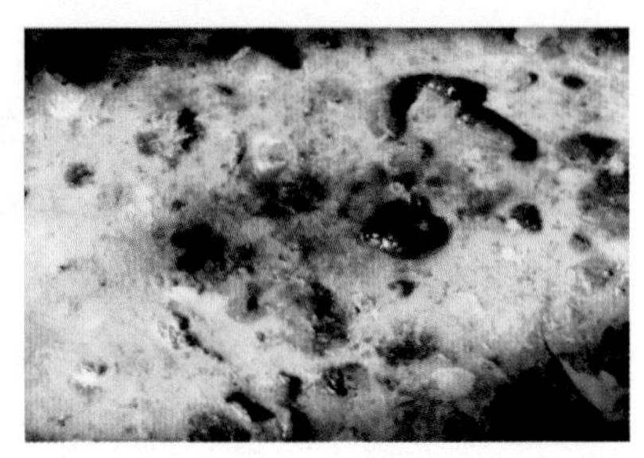

图 4-206　拉绿色石灰样便

【科学防治方案】

加强鸽舍卫生和饲喂管理，发生疫情的鸽舍和接触过的用具和运输工具彻底清洗消毒。

对感染鸽做好必要的治疗，可参考本书第五章节抗病毒药物使用分类与剂量进行。

3. 腺病毒、沙门氏菌和球虫混合感染

秋季特比环比赛期间，赛鸽容易出现归巢后呕吐、拉出绿色带水稀便、黄绿色稀便和带泡沫水状粪便，粪便中可看到有大量未消化完的饲料残渣，鸽严重脱水消瘦、精神沉郁、不吃食、大量饮水，嗉囊积食或积水，病程 3~5 天，常转归为慢性进行性消瘦，病鸽由于严重体质下降而丧失继续比赛的资格。

【临床症状】

详见图 4-207 至图 4-212。

【科学防治方案】

加强鸽舍卫生和饲喂管理，发生疫情的鸽舍和接触过的用具和运输工具彻底清洗消毒。

混合感染可以出现在各种寄生虫、细菌、病毒和真菌之

图 4-207　赛鸽精神沉郁

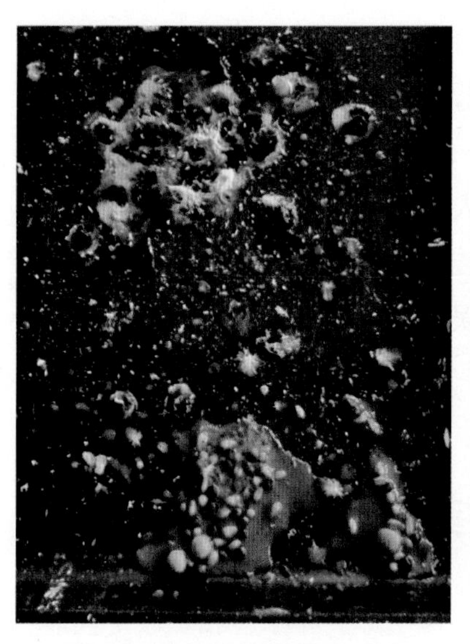

图 4-208　严重呕吐

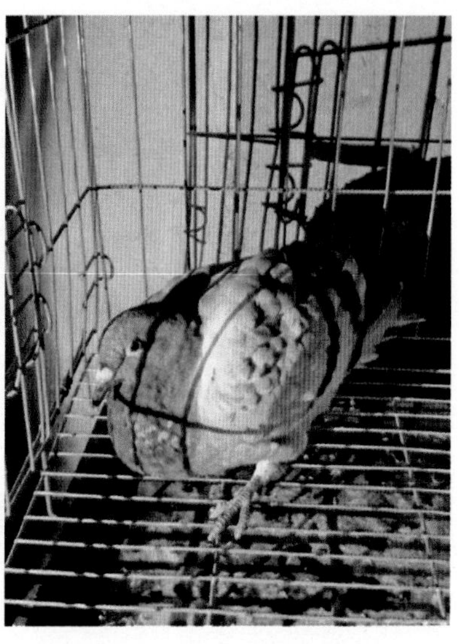

图 4-209　嗉囊积水

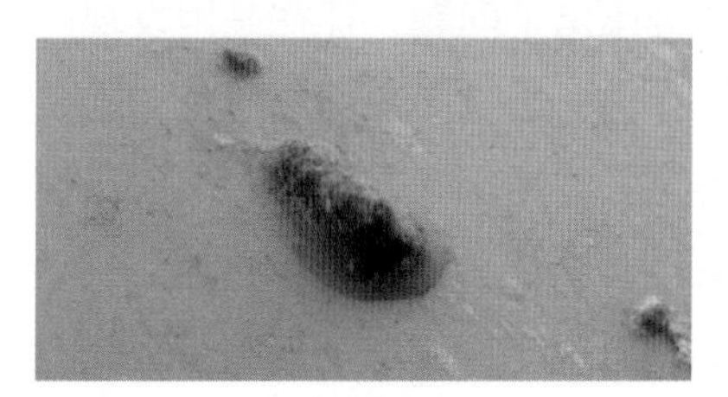

图 4-210　粪便中有未消化完的饲料残渣

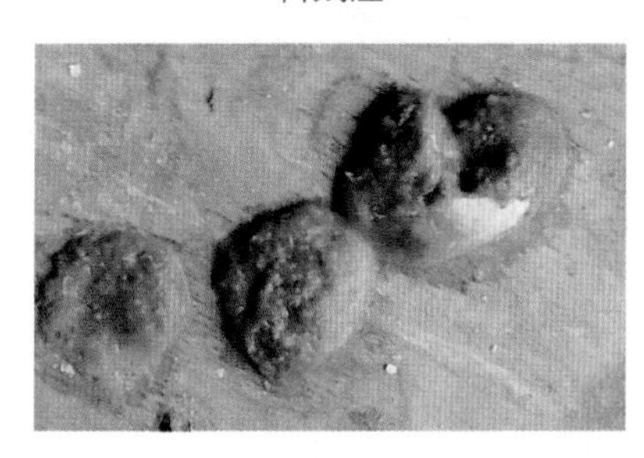

图 4-211　沙门氏菌球虫混合感染粪便

图 4-212　腺病毒沙门氏菌混合感染粪便

间。真菌对鸽子器官损害很大，它们可以经过饲料或草垫感染鸽子，其他病原体也经常同时出现，可以举出的例子还很多，至此"疾病形成"观念应该已建立起来了。

因此，广大鸽友和公棚饲养人员一定要切记，每一次疾病的发生和流行，不单单是一种疾病的传染，它往往提示我们在之前的管理中已经出现了严重的漏洞和失误。

第二十三节　看粪便快速识鸽病

对鸽友来说，最早知道鸽子的健康出了问题，往往是因发现鸽粪发生了变化。所有鸟类包括鸽子在内，当健康出问题时都能隐藏的很好，这使得问题持续恶化，甚至影响到比赛归巢时，鸽子抓握起来依然显得很正常。外观看起来也没有什么不对劲，然而，只是非常轻微的小毛病，鸽子的粪便都会出现变化，即使只有少数几羽鸽子的粪便出现异常，也必须对全棚的鸽子进行检查。因为病原体的潜伏期长短不一，如果处置不当，很可能在疾病暴发时，全棚都将遭受灭顶之灾。

赛鸽生理结构特殊，肠道较其他禽鸟更短，健康鸽的肠道在40~60厘米长，加之鸽无胆囊，因此，更容易受到应激因素的刺激而出现肠道不适，笔者曾提出"应激是百病之源，肠道是第二大脑"的科学论断，是提示赛鸽疾病诊疗的关键密钥。因此，很多鸽病我们可以通过粪便来进行初步识别。

详见图4-213至图4-232，表4-1至表4-3。

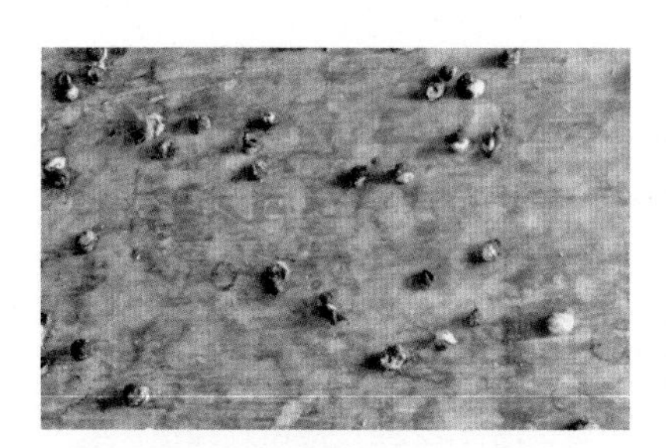

图 4-213　健康鸽正常粪便形态

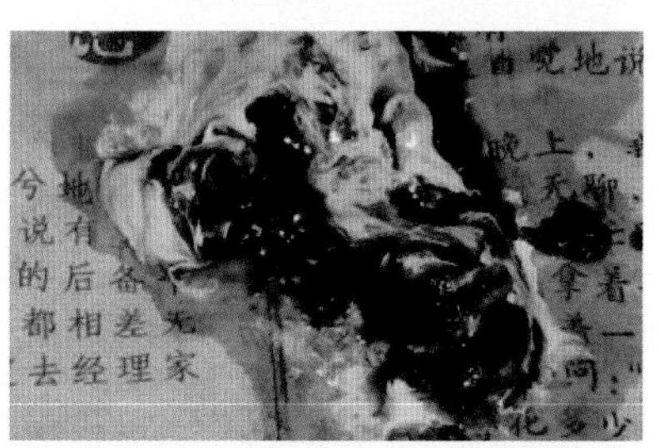

图 4-214　巴拉米哥病毒感染墨绿便

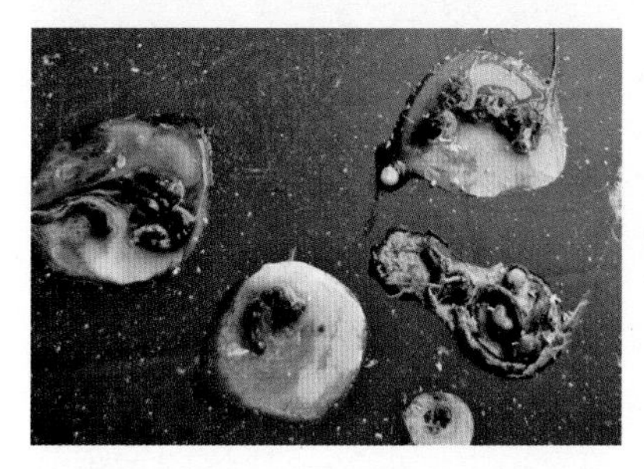

图 4-215　沙门氏菌粪便形态

图 4-216　毛滴虫稀水便

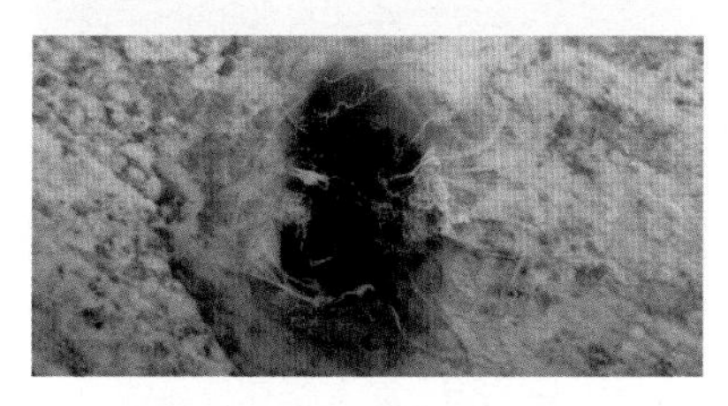

图 4-217　霉菌性粪便

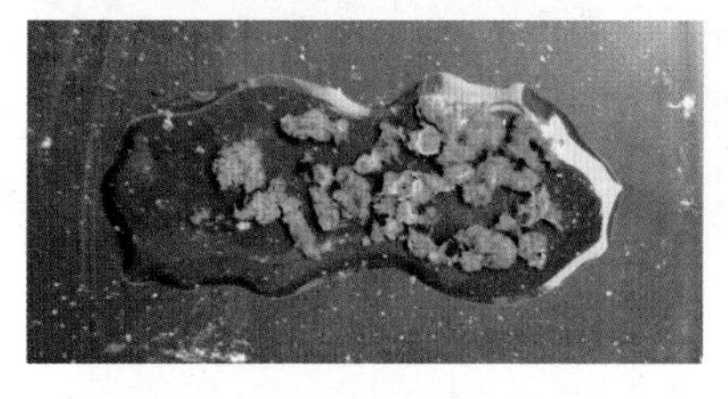

图 4-218　毛滴虫球虫混合感染粪便

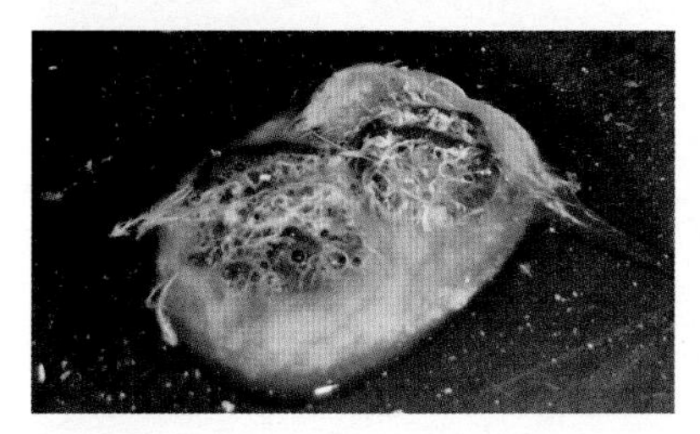

图 4-219　大肠杆菌球虫混合感染粪便

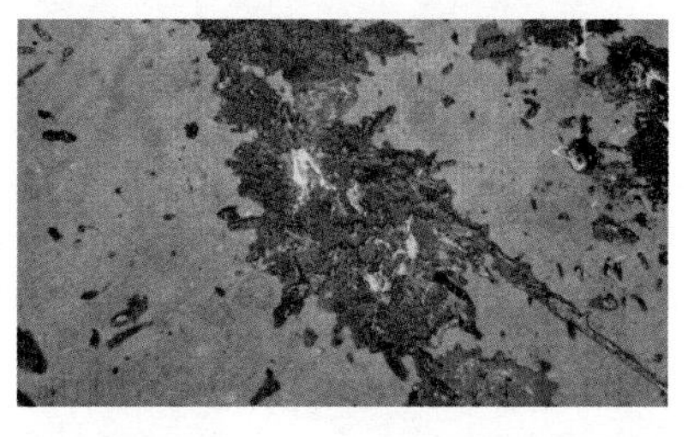

图 4-220　溃疡性肠炎粪便

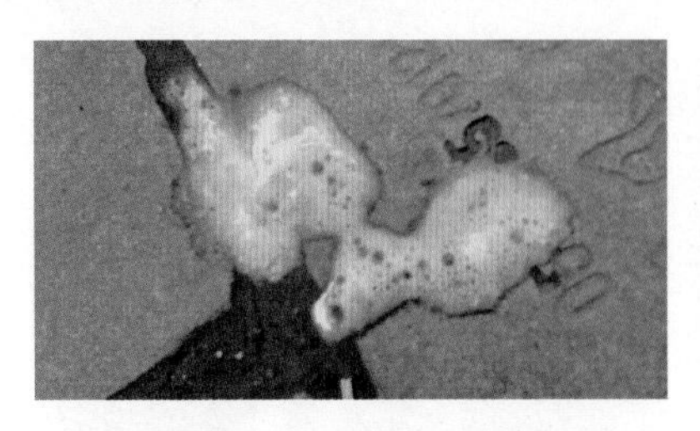

图 4-221　传染性支原体粪便

图 4-222　应激性绿便

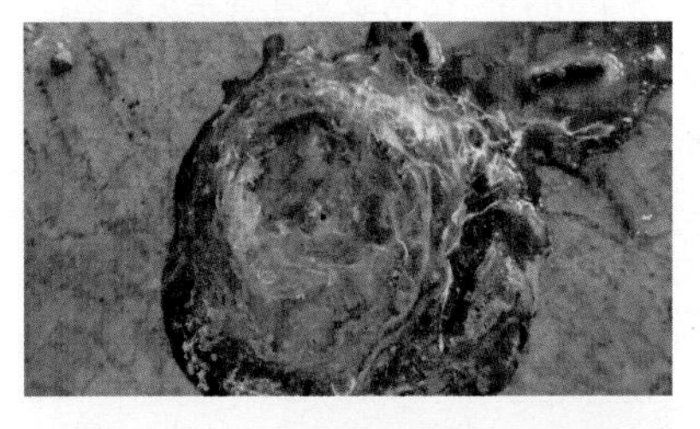

图 4-223　球虫沙门氏菌混合感染

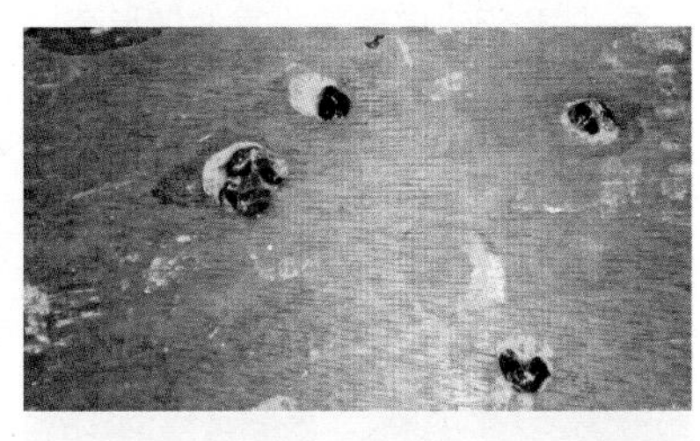

图 4-224　沙门氏菌与大肠杆菌混合感染

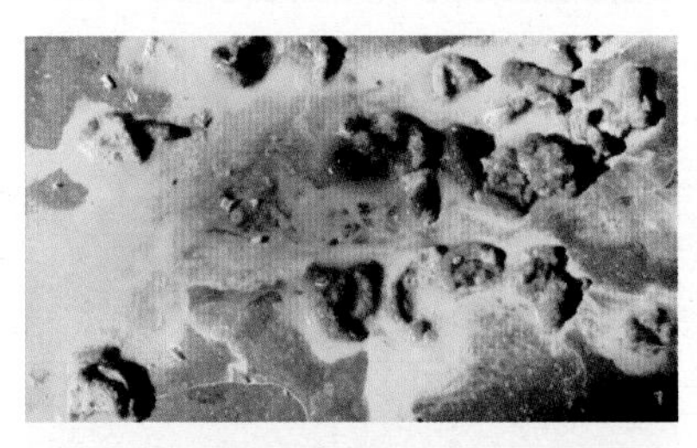

4-225　内脏器官严重衰竭粪便

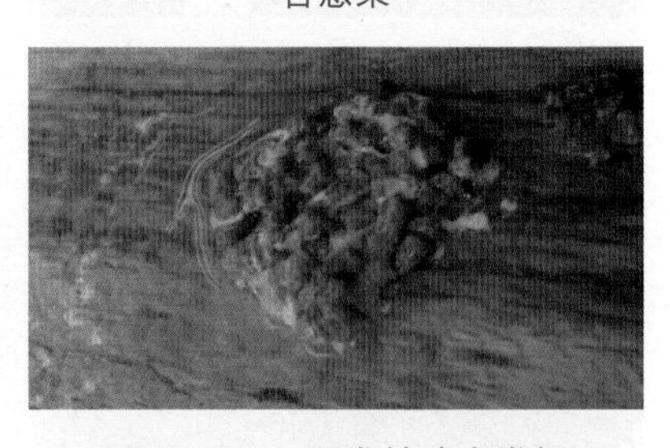

图 4-226　原发性球虫粪便

图 4-227　营养过剩，饲料含油过多

图 4-228　饲料粗纤维含量过多

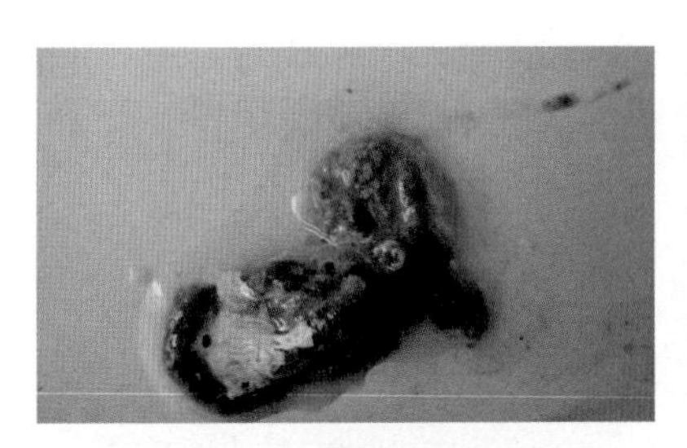

图 4-229　肠道菌群严重失调

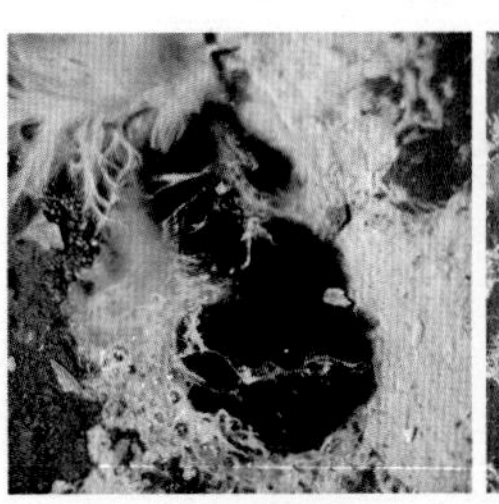

图 4-230　鸽感冒粪便

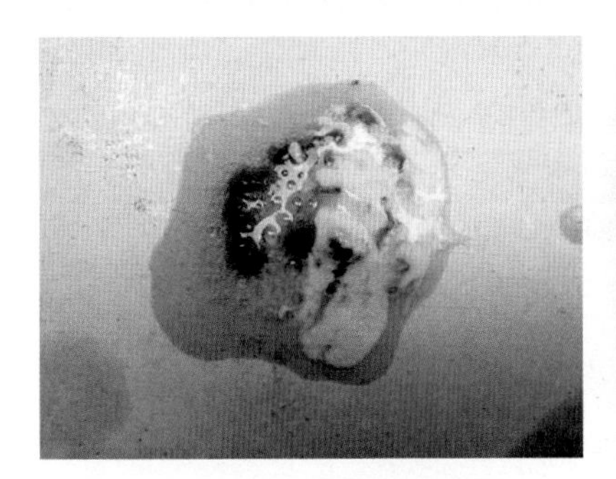

图 4-231　衣原体粪便

图 4-232　用药过量排出的粪便

表 4-1　粪便颜色与提示对照表

粪便颜色	原因分析	提示因素
绿色	饮食不当	应激反应
	食物通过肠道速度加快	肠道发炎、沙门氏菌、大肠杆菌、毛滴虫、念珠菌、衣原体等
	饲料中含有某些成分	绿豌豆、甜菜等
	发烧、胆汁分泌异常	新城疫、腺病毒
红到褐色	食物本身的颜色	吃了某些矿物土
	肠道出血	球虫
苍白	肝脏疾病	代谢紊乱，肝脏负担增加
	胰脏疾病	消化不良
	肠道疾病	大肠杆菌、链球菌、疱疹病毒

表 4-2　粪量与提示对照表

粪量	原因分析	提示因素
减少	采食量减少 伴随饮水量增加 饲喂了某种东西	疾病检测 发烧 拌入太苦的药
增加	吸收异常 正常 吸收异常	肠道发炎 即将下蛋和进行孵蛋的雌鸽 肝脏、胰腺问题

表 4-3　水便含量与提示对照表

粪量	原因分析	提示因素
水便量增加	肠道发炎引起的下痢 某些原虫 肾小球堵塞 与饮食有关	沙门氏菌、大肠杆菌 体内虫、毛滴虫、球虫 用药过量，饮水过量 摄取过量的盐、糖
水便量减少	食欲废绝 中毒 气候原因	脱水 严重肝肾衰竭 潮湿度大，饮水量小

当鸽舍内粪便出现变化时，必须尽快与兽医师取得联系，及早确诊病因准确投药是理想的效果。不要马上投喂各种抗生素类药物，那会把问题搞得非常复杂，而且使鸽友弄错真正的问题所在。如果一开始就盲目地投喂抗生素，只会造成鸽子不断对抗生素产生耐药性。如果不能确诊，那就先给鸽子喂 2 天电解质和活菌试一下吧。

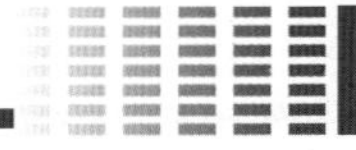

第二十四节 鸽病快速查对表

判断赛鸽疾病的方法较多，但主要有看、闻、摸、检 4 种方法。

看：指看赛鸽的精神状态，粪便形状、颜色，发病部位，饮食（水）量，有无外伤、口腔疾病等。

闻：指闻赛鸽口中有无异味，粪便是否恶臭等。

摸：指摸赛鸽是否有发烧、消瘦、胀气、骨折、硬块等。

检：指有条件的地方，可将赛鸽及粪便送动物医疗部门进行检查，以准确判定赛鸽疾病，对症施治。

一、鸽病症状与用药查照表

详见表 4–4 至表 4–6。

表 4–4 适用于幼鸽、青年鸽的快速诊断

发病部位	临床表现	可能疾病
口腔和咽喉	有黄白色酪样物（白色假膜），口烂有珍珠状水泡小瘤，有乳酪样纽扣大小肿胀	鹅口疮，白喉型鸽痘，鸽毛滴虫病 霉菌与毛滴虫混合钙化物
眼睛	流泪、肿胀、眼睑内常有干酪样物，眼睑有结节小瘤	伤风、感冒、呼吸道病、鸽霉形体病、传染性鼻炎、维生素 A 缺乏症、鸽痘
鼻和鼻瘤	临床表现：水样分泌物脏污	伤风、感冒、鸟疫
头颈部	头颈扭转，共济失调，大量神经症状，头颤抖动摇摆	副伤寒、缺维生素 B_1 症，鸽新城疫
嗉囊	触之硬实、肿胀、内部胀软、胀气	鸽毛滴虫病、腺病毒、胃肠炎、消化不良
翅膀	关节肿大	副伤寒

续表

发病部位	临床表现	可能疾病
腿部	关节肿大、单脚站立、腿向外伸向一边	副伤寒
腹、脐部	肿胀	鸽毛滴虫病
肛门	肿胀、有结节状小瘤、肿胀、出血	鸽痘、鸽新城疫、圆环病毒、疱疹病毒
皮肤和羽毛	结节小瘤、啄食新生羽毛、皮肤发紫、皮下出血，血肿	鸽痘、异食癖、丹毒病、中毒、维生素 K 缺乏症
骨	软骨，站立不稳	缺钙、缺维生素 D
综合症状	软弱、贫血、瘦弱、拉血便、生长缓慢，羽毛松乱、拉稀、大量鸽拉水样粪便、拉绿色便、呼吸困难、呼吸啰音	体内寄生虫、副伤寒、球虫病、蛔虫病、体外寄生虫、消化不良、鸽新城疫、溃疡性肠炎、霉形体病、鸟疫、支气管炎、肺炎

表 4-5 适用于成年鸽的快速诊断

发病部位	临床表现	可能疾病
口腔和咽喉	口腔内有黄白色斑点、上颚有针头大小灰白色球死点	鸽痘、鸽毛滴虫病
眼睛	流泪，有黏性分泌物积聚、单侧性流分泌物，肿胀、眼睑肿胀	眼炎、缺维生素 A、鸟疫、呼吸道病、传染性鼻炎
鼻	水样分泌物	伤风、感冒、呼吸道病
头颈部	头肿胀、小结节小瘤，头部位不正常，头颈扭转，头部颤抖、摇摆，共济失调	鸽痘、皮下瘤，多发性神经炎、维生素 B_1 缺乏症，鸽新城疫、脑脊髓炎、神经型沙门氏菌
嗉囊	积液深灰或墨绿色，恶臭异常，嗉囊胀满，口中流出淡黄液，内有积液，流动感，内有硬实肿胀	新城疫、巴氏杆菌、软嗉病、乳糜炎、腺病毒、嗉囔卡他
翅膀	关节肿胀、肿瘤、下垂，无力飞翔、黄色坚硬肿、黄色小脓疮	副伤寒、外伤、关节型沙门氏菌
足部	黄色硬块、单侧站立，关节肿胀、产蛋时腿瘫痪、有大小不一结节状小瘤、肿大、底部肿块	副伤寒、维生素 D 缺乏症、鸽痘、痛风、葡萄球菌感染、鳞节螨

续表

发病部位	临床表现	可能疾病
皮肤	皮下充气，皮下肿瘤，皮肤小结节，皮下出血、血肿，皮肤发绀，皮肤糜烂	气囊破裂、皮瘤、鸽痘、中毒、维生素K缺乏症、丹毒病、螨病、外伤
羽毛	无毛斑块、羽毛残缺、易断、羽毛松乱、无光泽、羽毛脏污，沾有分泌物	螨病、外寄生虫病、内寄生虫病、鸟疫、慢性呼吸道病
肛门	周围羽毛被粪便粘污，输卵管突出，肿胀，排出黏液	霍乱、肠炎、难产症、副伤寒
综合症状	消瘦体弱，精神不佳，呼吸困难，张口呼吸，呼吸困难伴有神经症状，肺部有呼吸啰音，大量饮水，不思食料，拉稀，血便，大量鸽拉水样稀便，拉铜绿色、棕褐色粪便，拉黄、绿、乳白痢、灰绿稀便，拉黄、灰白色或淡绿色稀便，拉白、绿黏便，不生蛋，蛋难产，突然死亡，大批鸽突然死亡	球虫病、副伤寒、外寄生虫病、呼吸道病、鸟疫、鸽新城疫、肺炎、肺结核、内寄生虫病、热性病、痢疾、球虫病、鸽新城疫、禽霍乱、沙门氏菌、巴氏杆菌、大肠杆菌、卵巢瘤、副伤寒、肿瘤、腹膜炎、输卵管炎、肺充血、禽出败、中毒、鸽新城疫

表4-6　疾病快速选择药物治疗

鸽病名称	病原	首选药物或疫苗	次选药物或疫苗
鸽新城疫	鸽Ⅰ型副黏病毒	鸽新城疫油乳剂疫苗	鸡新城疫Ⅳ系Lasota株疫苗、鸡新城疫C30疫苗
鸽痘	鸽痘病毒	鸽痘弱毒疫苗	鸽痘疫苗
鸽副伤寒	鼠伤寒沙门氏菌	新霉素、	粘杆菌素、庆大霉素、复方敌菌净
霉形体病	败血霉形体	复方泰乐霉素	红霉素、链霉素、北里霉素、利高霉素、支原净
鸽鸟疫	衣原体	金霉素	四环素、氯霉素、土霉素
丹毒病	丹毒杆菌	青霉素	四环素类、红霉素
大肠肝菌病	埃希氏大肠杆菌	庆大霉素、卡那霉素	复方敌菌净、氯霉素、利高霉素
溃疡性肠炎	鹌鹑杆菌	青霉素、四环素	氯霉素、链霉素、土霉素
鸽霍乱	多杀性巴氏杆菌	磺胺二甲基嘧啶	链霉素、庆大霉素、强力霉素、四环素类、青霉素
传染性鼻炎	嗜血杆菌	链霉素+青霉素	红霉素、强力霉素、庆大霉素

续表

鸽病名称	病原	首选药物或疫苗	次选药物或疫苗
鸽毛滴虫病	毛滴虫	鸽滴威	甲硝唑、替硝唑、奥硝唑、地美硝唑
球虫病	艾美球虫	球可定	磺胺二甲基嘧啶、磺胺氯吡嗪钠、妥曲珠利、增效磺胺
鸽蛔虫病	蛔虫	左旋咪唑	驱蛔灵、甲苯咪唑
鸽血变形虫病	鸽血变形虫	磷酸百氨喹片	敌百虫、杀虫脒
鸽体外寄生虫病	鸽虱、鸽螨、鸽虱蝇	戊氰菊酯	灭百可、速灭杀丁、硫磺粉、樟脑、双甲脒
鹅口疮	白色念珠菌	制霉菌素、克霉唑	硫酸铜、碘酒
趾脓肿	金黄色葡萄球菌	青霉素	四环素类、红霉素、磺胺类
胃肠炎	肠道杆菌等多种病因	复方敌菌净	氯霉素、土霉素、四环素
沙门氏菌	沙门氏杆菌	恩诺沙星	环丙沙星、菌必克
巴氏杆菌	多杀性巴氏杆菌	禽霍乱氢氟化铝苗	氟哌酸纯粉、青霉素肌注

第五章 赛鸽科学用药技术

第一节 药物使用的基本知识

一、药物剂量与用法

药物的剂量是指发挥防治疾病功效的一次给药用量，单位有：克、毫克、毫升、国际单位、%、毫克 / 千克。

1 毫克 / 千克＝百万分之一

1 毫升 =1c.c

1 千克 =1kg=1 000g=2 斤（1 斤 =500 克，下同）

1 升 =1 000 毫升 =1 000c.c=2 斤

1 克 =1g=1 000 毫克

1 立方米 =1 000 升

1 吨 =1 000 千克（kg）

1% 浓度，即 100 千克水中加入 1 千克药物

0.1% 浓度，即 100 千克水中加入 100 克药物

0.01% 浓度，即 100 千克水中加入 10 克药物

1. 个体给药剂量

按千克体重用量表示，如克/千克、毫克/千克，用药时按个体实际重量计算给药剂量。

2. 群体给药剂量的计算

在公棚饲喂条件下鸽群给药往往采用混水或混料的方法给药。混饲或混水给药时，由于饮水量约为采食量的2倍，因此，加入饲料中药物浓度为饮水中药物浓度的2倍，此外还应注意每千克体重给药剂量与混饮、混料、添加量的换算。

3. 给药方式

（1）群体给药。

① 混水给药。首先要了解药物在水中溶解度；其次要根据饮水量计算药物用量，若因药物在水中稳定性差时可考虑“口渴服药法”，即用药前两小时将鸽棚内水壶清理出来，停水断食，两小时后将药物一次配好加入水壶内，同时送入鸽棚供饮。

② 混料给药法。将药物混入饲料供自由采食，但药物和饲料必须混合均匀，可采用递加稀释法。

③ 气雾给药。炎夏每天进行1次，春秋每3~5天1次，冬季每周1次。

（2）个体给药。

① 口服给药。优点是安全、方便、经济，缺点是药物起效时间慢、不规则。但下列情形不宜采取口服：病鸽病情危急，不能下咽或呕吐或胃肠有病不能吸收或药物本身在胃肠中易被胃肠酸碱所破坏或口服不能获得药物的某种作用。

② 注射给药。优点是药物吸收快而完全，剂量准确，作用效果好。缺点是操作比较麻烦，无菌要求高，若注射器械消毒不严可造成感染，注射局部可引起疼痛。注射给药有颈部皮下注射、肌内

注射、嗉囊注射等。

③ 局部给药。涂擦、撒粉、湿敷、滴入、吸入等。

二、影响药物作用的因素

1. 本身因素

（1）年龄与性别。

（2）体重。

（3）营养状况。

（4）机能状态和病理状态。

2. 药物因素

（1）理化性质。

（2）剂量与剂型。

（3）给药途径。

（4）给药时间。

（5）用药次数和间隔时间。

（6）联合用药。

3. 环境因素

（1）饲喂管理。如密度。

（2）环境条件。温度、湿度、时间。

第二节　赛鸽常用药物介绍

一、抗生素类药物

抗生素原称抗菌素，是指由各种微生物（如细菌、真菌、放线菌等）在生长繁殖过程中所产生的代谢产物，能选择性地抑制或杀灭病原微生物。抗生素不仅对细菌、真菌、放线菌、螺旋体、霉形体、某些衣原体和立克次氏体等有作用，而且某些抗生素还有抗寄生虫、抗病毒、杀灭肿瘤细胞和促进动物生长等功效。

（一）青霉素类

1. 青霉素（苄青霉素、青霉素 G）

【性状】

本品是一种不稳定的有机酸，难溶于水，纯品呈白色结晶性粉末或微黄色的结晶。而制成供临床使用的钾盐或钠盐，则易溶于水，稳定性高，为白色结晶性粉末，粉针剂可保证 3 年不失效。水溶液不稳定，故稀释后的青霉素应及时用完。

【作用与应用】

青霉素对大多数革兰氏阳性菌和部分革兰氏阴性菌（少数阴性球菌）有抑制和杀灭作用，常用于治疗鸽的葡萄球菌病、霉形体病、坏死性肠炎等，对禽霍乱和鸽球虫病亦有一定的疗效。

【制剂与用法】

注射用青霉素钾（钠）每瓶（支）80 万单位和 160 万单位。肌内注射，幼鸽每只每次 5 000 单位，成年鸽每次 3 万 ~5 万单位 / 千克体重，1 日 2 次，一般连用 3~5 天，也可按每只鸽 2 万单位溶于少量饮水或混于精饲料中，在 1~2 小时内服完，一般连用 3~5 天。

【注意事项】

本品水溶液不稳定，宜现用现配，不宜与四环素、土霉素、卡那霉素、庆大霉素、磺胺药等混合应用，否则会降低或丧失青霉素的抗菌作用。本品不耐酸，一般不宜口服。

2. 氨苄青霉素（氨苄西林、安比西林）

【性状】

本品属于半合成青霉素，为白色结晶性粉末，微溶于水，其钠盐易溶于水，水溶液呈碱性（pH 值 8~10），极不稳定，在碱性环境中能迅速分解失效，内服片剂为氨苄青霉素的水合物，注射剂为钠盐。

【作用与应用】

本品为广谱抗生素，对革兰氏阳性菌和革兰氏阴性菌如链球菌、葡萄球菌、巴氏杆菌、大肠杆菌和沙门氏菌等均有抑制作用，但对革兰氏阳性菌的作用不及青霉素，对耐青霉素的金黄色葡萄球菌和绿脓杆菌无效，对革兰氏阴性菌的作用优于四环素。本品与其他未合成青霉素和氨基糖苷类抗生素配伍有协同作用。主要用于治疗赛鸽大肠杆菌引起的败血症、腹膜炎、输卵管炎、气囊炎以及禽副伤寒、禽霍乱等。

【制剂与用法】

55% 氨苄西林钠可溶性粉。混饮，600 毫克 / 升。

片剂、胶囊剂。0.25 克 / 片（粒），有效期 2 年。内服，20~40 毫克 / 千克体重，每日 1~2 次，连用 2~3 天。

粉针剂。每支 0.5 克、1.0 克、2.0 克，有效期 3 年。肌注或静注，每次 20 毫克 / 千克体重，1 日 2 次。

【注意事项】

本品对耐青霉素的革兰氏阳性菌所引起的疾病无效，严重感染病例，可与其他抗生素如庆大霉素等联用；其他注意事项与青霉素相似。

（二）头孢菌素类（先锋霉素类）

【性状】

头孢菌素类抗生素是由头孢菌产生的头孢菌素C催化水解制成，再用化学合成方法在母核上加上不同侧链即得先锋霉素Ⅰ、Ⅱ、Ⅵ等多种半合成产品。先锋霉素Ⅰ、Ⅱ为白色结晶性粉末，先锋霉素Ⅵ为白色或淡黄色结晶性粉末，均能溶于水。

【作用与应用】

本品是广谱抗生素，其结构和作用原理与青霉素相似。本类药物对葡萄球菌、链球菌、肺炎球菌等革兰氏阳性菌（包括对青霉素耐药的菌株）有较强的抗菌作用。对革兰氏阴性菌如大肠杆菌、沙门氏菌、多杀性巴氏杆菌等也有抗菌作用。临床上主要用于鸽的葡萄球菌病、链球菌病、大肠杆菌病及呼吸道感染、腹膜炎、输卵管炎、关节炎、皮肤感染等疾病的防治，对鸽霍乱、鸽副伤寒也有一定的疗效。

【制剂与用法】

头孢氨苄胶囊（先锋霉素Ⅵ） 每粒0.125克、0.25克。内服，25毫克/千克体重，1日2次。

注射用先锋霉素Ⅰ 0.5克/支。肌注，10~20毫克/千克体重，1日1~2次。

【注意事项】

本品与青霉素之间偶尔有交叉过敏反应，不宜与庆大霉素联用。

（三）氨基糖苷类

1. 链霉素

【性状】

本品是从链球菌的培养液中提取的有机碱，常用其硫酸盐即硫酸链霉素。本品为白色或类白色粉末，性质较稳定，也易溶于水。

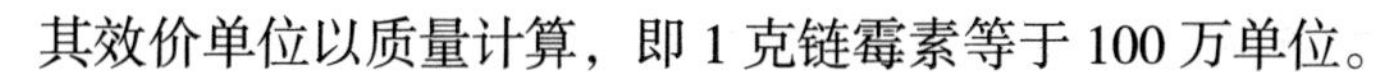

其效价单位以质量计算，即 1 克链霉素等于 100 万单位。

【作用与应用】

本品抗菌谱广，主要对革兰氏阴性菌和结核杆菌有效，对大多数革兰氏阳性菌的作用不及青霉素。本品在低浓度时抑菌，较高浓度时杀菌。可用于治疗鸽霍乱、传染性鼻炎、大肠杆菌病、鸽副伤寒沙门氏菌病、鸽结核病等。

【制剂与用法】

硫酸链霉素片剂。每片 0.1 克（10 万单位），有效期 2 年。混饮，30~120 毫克 / 升；混饲，13~55 毫克 / 千克饲料。

粉针剂。每支 1 克（100 万单位）、2 克（200 万单位），有效期 3 年，肌注，幼鸽每只每次 5 毫克（5 000 单位），成年鸽 3 万 ~5 万单位 / 千克体重，每日 2 次，连用 3~4 天。临床常将青霉素、链霉素联用，效果更好。

【注意事项】因为链霉素过量会损伤第 8 对脑神经——即听神经，故本品使用时剂量不能过大，用药时间也不能过长，以防出现严重的毒性反应。

2. 硫酸卡那霉素

【性状】

本品是从链霉菌的培养液中提取而得，性质稳定，其硫酸盐为白色或类白色粉末，易溶于水。

【作用与应用】

本品对大多数革兰氏阴性菌如大肠杆菌、变形杆菌、沙门氏菌、多杀性巴氏杆菌等均有很强的抗菌作用，对金黄色葡萄球菌和结核杆菌也有效，但对革兰氏阳性菌则作用很弱。临床用来治疗鸽霍乱、大肠杆菌病、鸽副伤寒沙门氏菌病、葡萄球菌病等。

【制剂与用法】

可溶性粉。每50克含2克（4%）。混饮，30~120毫克/升；混饲，60~250毫克/千克饲料，连用3~5天。原粉则按照0.01%~0.02%饮水。

片剂。每片0.25克。内服，每次30毫克/千克体重，1日2次。

粉针剂。每支2毫升：0.5克（50万单位），10毫升：1克（100万单位），10毫升：2克（200万单位），有效期4年。肌内注射10~30毫克/千克体重，1日2次。

【注意事项】

本品的毒性与血药浓度有关，血药浓度突然升高时有呼吸抑制作用，故规定只能肌注，剂量不宜过大，时间不宜过长，不宜静注。与头孢菌素类、多西环素合用，疗效增强。

3. 庆大霉素（正泰霉素、艮他霉素）

【性状】

本品由放线菌属小单孢菌所产生，常用其硫酸盐，呈白色粉末，有吸湿性，易溶于水，水溶液对温度、酸、碱稳定。

【作用与应用】

本品对许多革兰氏阳性菌、阴性菌都有抑制和杀灭作用，是最常用的氨基糖苷类抗生素，抗菌活性最强。本品与青霉素合用抗菌谱扩大。临床上常用于赛鸽各种敏感菌所引起的呼吸道、肠道感染及败血症等。如鸽霍乱、鸽葡萄球菌病、鸽副伤寒沙门氏菌病、大肠杆菌病、传染性窦炎等。

【制剂与用法】

可溶性粉。100克：4万单位。混饮，20~40毫克/升（肠道感染），治疗输卵管炎、腹膜炎时增大到50~100毫克/升；混饲，50~200毫克/千克饲料。

片剂。每片20毫克：2万单位，40毫克：4万单位。按0.01%~0.02%饮水。

注射液。每支1毫升：4万单位（40毫克），2毫升：8万单位（80毫克），5毫升：20万单位（200毫克），10毫升：40万单位（400毫克）。肌注，幼鸽每只每次3~5毫克，成年鸽10~15毫克/千克体重，1日2次。

【注意事项】

细菌对本品易产生耐药性，耐药发生后，停药一段时间又可恢复敏感性，故临床用药剂量要充足，疗程不宜过长。其不良反应与链霉素相似。

4. 小诺米星（小诺霉素、砂加霉素）

【性状】

本品是由生产小诺霉素的副产物研制而成，含小诺霉素及庆大霉素等成分，其硫酸盐易溶于水，几乎不溶于甲醇等有机溶剂，稳定性良好。

【作用与应用】

本品对多种革兰氏阳性菌和革兰氏阴性菌（大肠杆菌、沙门氏菌、绿脓杆菌等）均有抗菌作用，尤其是对革兰氏阴性菌作用较强，抗菌活性略高于庆大霉素，而毒、副作用较同剂量的庆大霉素低。临床应用与庆大霉素相似，尤其是用于庆大霉素、卡那霉素等耐药的病原菌所引起的各种感染。对沙门氏菌等革兰氏阴性杆菌高度敏感，临床上常用于禽霍乱、禽副伤寒、大肠杆菌病、链球菌等疾病的治疗，也可用于呼吸道感染及腹膜炎、输卵管炎、泄殖腔炎、关节炎等，对霉形体病也有效。

【制剂与用法】

注射液。每支2毫升：80毫克，5毫升：200毫克，10毫升：

400毫克。幼鸽3~5毫克/次，青年鸽、成年鸽每次4~6毫克/千克，1日2次。

【注意事项】

一般肌内注射，禁止静注。

（四）四环素类

1. 土霉素（氧四环素、地霉素）

【性状】

本品从龟裂链霉菌的培养液中提取，为淡黄色或暗红色的结晶性粉末。其盐酸盐为黄色晶粉，易溶于水。盐酸土霉素在弱酸性溶液中较稳定，在碱性溶液中易被破坏而失效。

【作用与应用】

本品为广谱抗生素。主要抑制细菌的生长繁殖，对革兰氏阳性和阴性菌均有抗菌作用，对鸽衣原体（单眼伤风）、霉形体、立克次氏体、螺旋体等也有一定的抑制作用。临床主要用于防治鸽霍乱、鸽副伤寒、大肠杆菌病、鸽链球菌病、霉形体病等。不仅用于疾病的治疗，还用作饲料添加剂，能促进鸽的生长发育。

【制剂与用法】

土霉素碱（原粉）有效期4年。

片剂。每片0.05克（5万单位）、0.125克（12.5万单位），0.25克（25万单位）。内服，幼鸽每只每天25~30毫克；青年鸽、成年鸽按50~100毫克/千克体重，1日2次，连用3~5天。混饲，按0.1%~0.2%的含量添加。

盐酸土霉素水溶性粉。混饮，150~250毫克/升。

注射用土霉素。每支0.125克（12.5万单位），0.025克（25万单位），0.5克（50万单位），1克（100万单位）。肌内注射，每次25毫克/千克体重，连用3~5天。

【注意事项】

本品忌与碱性溶液和含氯量多的自来水混合，内服后在肠内吸收不完全，不宜同时服用钙、铝等金属离子较多的药物。长期或大剂量应用，可引起二重感染。

2. 盐酸多西环素（强力霉素）

【性状】

本品是由土霉素脱氧制成的半合成四环素。其盐酸盐为淡黄色或黄色晶粉，易溶于水，水溶液为强酸性，较四环素、土霉素稳定。

【作用与应用】

本品为高效、广谱、低毒的半合成四环素类抗生素，抗菌范围与土霉素、四环素相似，但抗菌作用要强 2~10 倍，对溶血性链球菌、葡萄球菌等革兰氏阳性菌，以及多杀性巴氏杆菌、沙门氏菌、大肠杆菌等革兰氏阴性菌均有较强的抑制作用。对耐土霉素、四环素的金黄色葡萄球菌有效。临床主要用于鸽霍乱、鸽副伤寒、大肠杆菌病、霉形体病等疾病的防治。另外，本品对呼吸道感染不仅有一定的防治作用，还有一定的镇咳、平喘与祛痰（对症治疗）作用。

【制剂与用法】

含量 1.25% 的预混剂。混饲，100~200 克 / 千克饲料。

含量 5% 的可溶性粉。混饮，50~100 毫克 / 升。

片剂、胶囊。每片 0.05 克、0.1 克，每粒 0.1 克。内服，幼鸽每次 3~5 毫克 / 只，1 日 2 次，青年、成年鸽每次 10~15 毫克 / 千克体重，1 日 2 次。

粉针剂。每支 0.1 克、0.2 克。肌注，10 毫克 / 千克体重，每日 1 次。

【注意事项】

参见土霉素。

（五）氯霉素类

1. 甲砜霉素（甲砜氯霉素、硫霉素）

【性状】

本品是氯霉素的同类物，已人工合成，为白色结晶性粉末，微溶于水，溶于甲醇，几乎不溶于乙醚和氯仿。

【作用与应用】

本品为广谱抗生素，对多数革兰氏阳性菌和阴性菌都有抗菌作用，但对革兰氏阴性菌的作用比革兰氏阳性菌作用强。主要用于防治大肠杆菌病、沙门氏菌病、禽霍乱，也可用于敏感细菌引起的各种呼吸道及肠道感染。

【制剂与用法】

5% 散剂。内服，每次 10~20 毫克 / 千克体重（以甲砜霉素计），1 日 2 次，拌料饲喂。

片剂。每片 25 毫克、100 毫克、125 毫克、250 毫克。内服，每次 20~30 毫克 / 千克体重，1 日 2 次，连用 3~5 天。

【注意事项】

本品可抑制免疫球蛋白及抗体的生成，与喹诺酮类药物联用可产生拮抗作用。

2. 氟苯尼考（氟甲砜霉素）

【性状】

本品为人工合成的甲砜霉素单氟衍生物，为白色或灰白色结晶性粉末，极微溶于水，能溶于甲醇、乙醇。

【作用与应用】

本品抗菌范围与抗菌活性稍优于甲砜霉素，对多种革兰氏阳性菌和革兰氏阴性菌及霉形体均有作用。临床常用于鸽沙门氏菌病、大肠杆菌感染、传染性鼻炎、慢性呼吸道病及葡萄球菌病的防治。

【制剂与用法】

10% 可溶性粉。混饮，500 毫克 / 升，拌料按每千克饲料 1~2 克拌料，每天 1 次，连用 3~5 天。

注射液。每支 2 毫升 : 0.6 克。肌内注射，每次 20~30 毫克 / 千克体重，1 日 2 次，连用 3~5 天。

【注意事项】

本品不宜与喹诺酮类抗菌药联用，以防止降低氟苯尼考的疗效。

（六）大环内酯类

1. 红霉素

【性状】

本品是从红链霉菌的培养液中提取，为白色、类白色结晶或粉末，难溶于水，与乳酸或硫氰酸结合生成的盐易溶于水。

【作用与应用】

本品的抗菌范围与青霉素相似，对大多数革兰氏阳性菌如金黄色葡萄球抗菌作用较强。对革兰氏阴性菌如巴氏杆菌和霉形体也有一定的作用，但对大肠杆菌、沙门氏菌等均无效。临床主要用于防治霉形体病、葡萄球菌病、链球菌病、坏死性肠炎、衣原体病等。也可预防环境引起的应激。

【制剂与用法】

片剂。每片 0.125 克、0.25 克，硫氰酸红霉素可溶性粉。5%、5.5%、55%。预防：红霉素 0.0005%~0.002%，治疗：红霉素 0.02%~0.05% 拌料，连用 5~7 天。混饮，红霉素 0.01%，连用 3~5 天。

粉针剂。每支 0.25 克、0.3 克。肌注，20~50 毫克 / 千克体重，连用 3 天。

【注意事项】

本品在干燥状态或碱性溶液中较稳定，忌与酸性物质配伍，在pH值4以下时易失效。长期内服易产生耐药性，可引起消化功能紊乱，也可使产蛋率下降。

2. 泰乐菌素

【性状】

本品从弗氏链霉菌的培养液中提取，为白色结晶，弱碱性，微溶于水，其盐类易溶于水。临床多用酒石酸泰乐菌素、盐酸泰乐菌素和磷酸泰乐菌素。

【作用与应用】

本品对鸽霉形体作用强大，对革兰氏阳性菌如金黄色葡萄球菌、化脓链球菌及一些革兰氏阴性菌、螺旋体等均有抑制作用。但对革兰氏阳性菌的作用不及红霉素。

【制剂与用法】

酒石酸泰乐菌素可溶性粉、片剂。每片0.2克。混饮，0.5克/升（以泰乐菌素计），治疗连用3~5天。内服，成年鸽25毫克/千克体重，每天1次，连用3~5天。

预混剂。20克：1 000克，40克：1 000克，100克：1 000克。混饲，促生长20~50毫克/千克饲料。

【注意事项】

本品的水溶液不能与铁、铜、铝等离子配伍，容易形成络化物而失效。

（七）抗真菌抗生素

1. 制霉菌素

【性状】

本品从链霉菌的培养滤液中提取，为淡黄色粉末，有吸湿性，

不溶于水，在干燥状态下性质稳定。

【作用与应用】

本品属多烯类抗生素，具有广谱抗真菌作用，即对各种真菌如曲霉菌、念珠菌、球孢子菌等都有效。临床上主要用于治疗幼鸽曲霉菌病、鸽口疮等真菌疾病。也用于长期服用广谱抗生素所引起的真菌性二重感染。

【制剂与用法】

片剂。每片 10 万单位、25 万单位、50 万单位。内服，幼鸽每只每次 0.5 万 ~1 万单位，1 日 2 次，连用 3~5 天；成年鸽 1 万 ~2 万单位 / 千克体重，1 日 2 次。或按照每千克体重 5~10 毫克口服，按每千克体重 50~100 毫克拌料，按 50 万单位 / 立方米气雾治疗。

【注意事项】

本品内服不易吸收，混饲对全身抗真菌感染无明显疗效；用于幼鸽霉菌性感染，气雾治疗疗效更好。本药应密闭保存于 15~30℃环境中。

2. 克霉唑（三苯甲咪唑、抗真菌 1 号）

【性状】

本品属咪唑类人工合成的广谱内服抗真菌药物。为白色晶粉，呈弱碱性，难溶于水。

【作用与应用】

本品为广谱抗真菌药，对表皮癣菌、毛癣菌、曲霉菌、念株菌等均有良好的作用。本品应用基本同制霉菌素，临床上主要用于防治鸽曲霉菌病、鸽口疮等真菌疾病。

【制剂与用法】

片剂。每片 0.25 克、0.5 克。内服，幼鸽每只每次 10~25 毫克，1 日 2 次；成年鸽 50~80 毫克 / 千克体重，1 日 2 次。或每 100 羽幼鸽用 0.8 克，连服 7 天以上。

软膏剂。1%、3%、5%。

癣药水。8 毫升 : 0.12 克。局部外用。

【注意事项】

本品与两性霉素 B 合用，会使抗菌作用降低。不能过早停药，否则容易复发，但因对肝脏有较强毒性，不宜大剂量长期服药。内服对胃肠道有刺激性。

（八）合成抗菌药物

喹诺酮类喹诺酮类药物为广谱杀菌性抗菌药。对革兰氏阳性菌、革兰氏阴性菌、霉形体及某些厌氧菌有效。

1. 诺氟沙星（氟哌酸）

【性状】

本品为类白色或淡黄色结晶性粉末，难溶于水，其乳酸盐、盐酸盐可溶于水。

【作用与应用】

本品为广谱抗菌药，对霉形体和多数革兰氏阴性菌（如大肠杆菌、沙门氏菌、李氏杆菌及绿脓杆菌等）有较强杀灭作用，对革兰氏阳性球菌（如金黄色葡萄球菌）亦有作用。主要用于鸽副伤寒、大肠杆菌病、鸽霍乱、鸽链球菌病及支原体病等疾病的防治。

【制剂与用法】

盐酸诺氟沙星可溶性粉。100 克 : 2.5 克，100 克 : 5 克。混饮，500 毫克 / 升；混饲，1~1.5 克 / 千克饲料。

乳酸诺氟沙星可溶性粉。100 克 : 2 克。混饮，250~500 毫克 / 升；混饲，2 克 / 千克饲料，连用 3~5 天。

2. 环丙沙星（环丙氟哌酸）

【性状】

本品为类白色或微黄色结晶性粉末，难溶于水。临床常用其盐酸盐和乳酸盐，均为白色或微黄色晶粉，易溶于水。

【作用与应用】

本品抗菌范围与诺氟沙星相似，但抗菌活性比诺氟沙星强2~10倍，是喹诺酮类抗菌活性最强的药物之一。对大多数革兰氏阳性菌和阴性菌均有较强的抗菌作用。对绿脓杆菌、霉形体也有一定的作用。临床上主要用于防治大肠杆菌病、鸽副伤寒、鸽霍乱、链球菌病、葡萄球菌病、支原体病等，还可用于治疗绿脓杆菌病等。

【制剂与用法】

盐酸环丙沙星可溶性粉。100克: 2克，100克: 2.5克，100克: 5克。混饮，50毫克/升，连用3~5天。

盐酸环丙沙星注射液。每支2毫升: 40毫克，100毫升: 2克，100毫升: 2.5克。肌内注射，每次5毫克/千克体重，1日2次。

乳酸环丙沙星注射液。每支2毫升: 50毫克，100毫升: 2克。用法同盐酸环丙沙星注射液。

3. 恩诺沙星（乙基环丙沙星）

【性状】

本品为微黄色或淡橙黄色结晶性粉末。

【作用与应用】

本品为动物专用的第三代喹诺酮类广谱杀菌剂。其抗菌谱与环丙沙星相似，但抗支原体的能力较强，霉形体对泰乐菌素、硫黏菌素易耐药，但对本品敏感。临床上用于治疗鸽大肠杆菌、沙门氏菌、巴氏杆菌、链球菌、葡萄球菌和支原体等所引起的呼吸道、消化道感染。

【制剂与用法】

盐酸恩诺沙星可溶性粉。100克：2.5克。混饮，25~75毫克/升水；混饲，100毫克/千克饲料，连用3~5天。

恩诺沙星注射液。每支10毫升：50毫克，10毫升：250毫克，100毫升：0.5克，100毫升：1克，100毫升：2.5克，100毫升：5克。肌内注射，每次2.5~5毫克/千克体重，1日2次，连用3天。

【注意事项】

防止剂量过量中毒，尤其是幼鸽。注意休药期（8日）。

4. 氧氟沙星（氟嗪酸、粤复欣）

【性状】

本品为黄色或灰黄色结晶性粉末。

【作用与应用】

本品抗菌范围广，对多数革兰氏阴性菌、革兰氏阳性菌、某些厌氧菌和支原体有较强的杀灭作用。体外抗菌作用优于诺氟沙星。主要用于大肠杆菌病、沙门氏菌病、传染性鼻窦炎、鸽霍乱及慢性呼吸道病等。

【制剂与用法】

可溶性粉。50克：1克。混饮，50~100毫克/升。

片剂。每片0.1克。内服，每次5~10毫克/千克体重，1日2次。

注射液。每支100毫升：2.5克，100毫升：4克。肌内注射，每次2.5~5毫克/千克体重，1日2次，连用3~5天。

5. 沙拉沙星

【作用与应用】

本品为动物专用第三代喹诺酮类药物，具有广谱、高效、低毒、不易产生耐药性等特点，对呼吸道病有特效，对多种革兰氏阳性菌、革兰氏阴性菌（如大肠杆菌、巴氏杆菌、变形杆菌、绿脓杆菌）及霉形体均有强大抗菌活性。临床主要用于鸽急慢性呼吸道病、大肠杆菌病、沙门氏菌病、鸽霍乱、传染性鼻炎、支原体病及支原体与大肠杆菌的混合感染。

【制剂与用法】

可溶性粉。50 克∶1 克；混饮，25~50 毫克 / 升，混饲，0.5 克 / 千克饲料。

注射液。100 毫升 :0.5 克 , 2 克等。肌内注射，每次 5~10 毫克 / 千克体重，1 日 2 次，连用 3~5 天。

6. 达诺沙星（丹乐星、单诺沙星）

【性状】

本品为白色至淡黄色结晶性粉末。

【作用与应用】

本品是新型动物专用的高效广谱杀菌药物。抗菌范围与恩诺沙星相似，但抗菌作用比恩诺沙星强 2 倍。其特点是内服、肌内或皮下注射，吸收迅速而完全，生物利用度高；体内分布广泛，尤其是在肺部中的浓度是血浆浓度的 5~8 倍，故对支原体或细菌所引起的呼吸道感染疗效更佳。主要适用于治疗鸽慢性呼吸道病、传染性鼻炎、细菌性呼吸道病、鸽沙门氏菌病、大肠杆菌病、鸽霍乱、绿脓杆菌病、葡萄球病及支原体与细菌混合感染。

【制剂与用法】

甲磺酸达诺沙星可溶性粉 100 克∶2 克，100 克∶2.5 克。内服，每次 2.5~5 毫克 / 千克体重，每日 1 次。混饮，25~50 毫克 / 升，连用 3~5 日。

甲磺酸达诺沙星注射液。每支 2 毫升∶50 毫克，5 毫升∶50 毫克，5 毫升：125 毫克，10 毫升：100 毫克，10 毫升：250 毫克。肌内注射，每次 1.25~2.5 毫克 / 千克体重，1 日 2 次，连用 3 天。

（九）磺胺类

1. 磺胺嘧啶（大安、SD）

【性状】

本品为白色或类白色结晶或粉末，遇光颜色渐变暗，应避光、密封保存。

【作用与应用】

本品为中效磺胺药，对各种感染的疗效较高，副作用小。常用于治疗链球菌、葡萄球菌、大肠杆菌感染及禽霍乱、鸽伤寒等疾病。

【制剂与用法】

片剂、粉剂。每片 0.5 克。内服，成年鸽每只 0.05~0.15 克，1 日 2 次，连用 3 天，首次量加倍，大群防治：混饲，0.4%~0.5%；混饮，0.1%~0.2%。

磺胺嘧啶钠注射液。每支 2 毫升：0.4 克，5 毫升：1 克，10 毫升：1 克，50 毫升：5 克，100 毫升：10 克。肌注，0.1 克 / 千克体重，首次加倍，每日 2 次，连用 5~7 天。即使症状消失后，仍要给予 1/2 的维持量。

【注意事项】

服药期间禁用普鲁卡因等含对氨基甲酸的制剂。本品针剂为钠盐，忌与酸性药物配伍。服药时应配合等量的碳酸氢钠。鸽产蛋期一般禁用。

2. 磺胺二甲基嘧啶（SM2）

【性状】

本品为白色或微黄色结晶或粉末，遇光颜色渐变深，应避光、密封保存。

【作用与应用】

本品抗菌效力与磺胺嘧啶相似，可用于各种敏感菌所引起的全身及局部感染。常用于治疗鸽霍乱、鸽巴氏杆菌感染、大肠杆菌病、球虫病等。

【制剂与用法】

片剂。每片 0.5 克。混饲，0.1%~0.2%；内服，成年鸽每次 10 毫克 / 千克体重，1 日 2 次。

注射液。2 毫升 : 0.4 克，5 毫升 : 1 克，10 毫升 : 2 克，50 毫升 : 5 克。肌注，剂量同磺胺嘧啶。

【注意事项】

首次使用时必须加倍。连续饲喂时间不能超过 4 天，有肾脏疾病时慎用。

3. 磺胺异噁唑（磺胺二甲异噁唑）

【性状】

本品为白色或微黄色结晶性粉末，不溶于水。

【作用与应用】

本品抗菌作用比磺胺嘧啶强。对大肠杆菌、痢疾杆菌、李氏杆菌、葡萄球菌作用较强。临床主治禽霍乱、禽副伤寒、葡萄球菌病及消化道、呼吸道感染等疾病。本品与甲氧苄氨嘧啶联合应用，抗菌作用增强数倍至数十倍。

【制剂与用法】

粉剂。混饲，0.1%~0.2%，连用 3 天。

片剂。每片 0.5 克。内服，30~50 毫克 / 千克体重，1 日 2 次，首次量加倍，连用 3 天。

注射液。每支 5 毫升 : 2 克。深部肌注或静注，0.07 克 / 千克体重，1 日 2 次。

【注意事项】

本品不宜与酸性药物配伍，内服时应加等量的碳酸氢钠。幼鸽应谨慎使用，种鸽配对作育期禁用。应遮光、密封保存。

4. 磺胺间甲氧嘧啶（磺胺 -6- 甲氧嘧啶）

【性状】

本品为白色或微黄色结晶性粉末，不溶于水，其钠盐易溶于水。

【作用与应用】

本品是体外抗菌作用最强的磺胺药，除对大多数革兰氏阳性菌和阴性菌有抑制作用外，对鸽球虫、血液原虫病有效。

【制剂与用法】

粉剂。混饮，0.025%~0.1%，预防量减半，每日 2 次。

片剂。每片 0.5 克。混饲，0.05%~0.2%；内服，每次 0.05~0.1 克 / 千克体重，1 日 2 次。

【注意事项】

本品应遮光、密封保存。

5. 磺胺甲氧嗪（磺胺甲氧达嗪、SMP）

【性状】

本品为白色晶粉，略溶于水。

【作用与应用】

适用于轻度的全身性细菌感染及鸽的大肠杆菌性败血症、伤寒及鸽霍乱等。

【制剂与用法】

粉剂。混饲，0.2%。

片剂。内服，0.1 克 / 千克体重 / 次，1 日 1 次。

二、抗菌增效剂

1. 甲氧苄啶（三甲氧苄氨嘧啶、TMP）

【性状】

本品呈白色或类白色结晶性粉末，难溶于水。

【作用与应用】

本品为抗菌增效剂，也是广谱抗菌药。作用较磺胺类药要强。对多数革兰氏阳性菌和阴性菌均有抑制作用。与磺胺类药、抗生素配合应用，抗菌作用可增强数倍至数十倍，并可降低磺胺类药及抗生素的用量，减少其副作用。临床上常用本药与磺胺类药或抗生素并用，一般按 1 ∶ 5 比例配方，用于治疗鸽霍乱、鸽伤寒、鸽大肠杆菌性败血症、球虫病及呼吸道疾病的继发性感染。

【制剂与用法】

片剂。每片 0.1 克。内服，每次 10 毫克 / 千克体重，1 日 1 次。

复方磺胺嘧啶片（双嘧啶片）每片含本品 0.08 克、磺胺嘧啶 0.4 克。内服，每次 30~50 毫克 / 千克体重，1 日 2 次。

复方磺胺甲基异噁唑片（复方新诺明片）每片含本品 0.08 克、磺胺对甲氧嘧啶片 0.4 克。内服，50~80 毫克 / 千克体重，1 日 1 次。

复方磺胺甲氧嗪注射液。每支 10 毫升，含本品 0.2 克、磺胺甲氧嗪 1 克。肌内注射，每次 20~30 毫克 / 千克体重，1 日 2 次。混饮，120~200 毫克 / 升。

【注意事项】

大剂量长期使用，可引起贫血、血小板和颗粒细胞减少。在鸽配对前后和产蛋期间禁用。本品不宜单独使用，防止产生耐药性。

2. 二甲氧苄啶（敌菌净、DVD）

【性状】

本品为白色结晶性粉末，微溶于水。

【作用与应用】

本品的抗菌作用及抗菌范围与甲氧苄啶相似，比甲氧嘧啶稍弱，为畜禽专用药。对磺胺类药和抗生素有明显的增效作用，与抗球虫的磺胺类药合用对球虫的抑制作用比甲氧苄啶强。肌注吸收较少，临床主要用于肠道细菌感染和球虫病，单独使用也具有防治球虫的作用。

【制剂与用法】

复方磺胺预混剂。由本品与磺胺对甲氧嘧啶（SMD）或其他磺胺药按 1 ∶ 5 组成。混饲，240 毫克 / 千克饲料。

复方乱菌净片（DVD–SMD）。由本品与 SMD 或磺胺脒（SG）、SM2 按 1 ∶ 5 组成。内服，每次 30 毫克 / 千克体重，1 日 2 次。

三、抗寄生虫药物

1. 哌嗪

【性状】

本品为白色结晶粉末或透明结晶颗粒，易溶于水。

【作用与应用】

本品为高效低毒驱虫药，对鸽有很好的驱虫效果。

【制剂与用法】

枸橼酸哌嗪片。每片 0.5 克。内服，每次 0.25 克 / 千克体重。

磷酸哌嗪片。每片 0.25 克、0.5 克。内服，每次 0.2 克 / 千克体重。

【注意事项】

将本品混饲或饮水给药时，务必在 8~12 小时内用完。

2. 左旋咪唑（左噻咪唑）

【性状】

本品为噻咪唑的左旋异构体，为白色晶粉，易溶于水。

【作用与应用】

本品为广谱、高效、低毒驱虫药之一。对鸽多种线虫有效，如鸽裂口线虫、支气管杯口线虫等有良好的驱虫效果。还具有调节免疫的作用，临床上可作为免疫增强剂应用。

【制剂与用法】

片剂。每片 25 毫克、50 毫克。内服，25 毫克 / 千克体重（间隔 24~48 小时）；治疗鸽裂口线虫病，每次 70 毫克 / 千克体重，间隔 2~3 天重复 1 次。

注射液。皮下注射，每次 25 毫克 / 千克体重。

【注意事项】

本品的毒性虽低，但注射给药时易发生中毒甚至死亡，故一般内服给药，中毒时可用阿托品解毒。

3. 阿苯达唑（丙硫咪唑、抗蠕敏）

【性状】

本品为白色或类白色结晶粉末，不溶于水。

【作用与应用】

本品为广谱、高效、低毒驱虫药。对鸽线虫、棘口线虫等有高效，驱杀效果可达 100%。

【制剂与用法】

片剂。每片 25 毫克、50 毫克、200 毫克、500 毫克。内服，25~50 毫克 / 千克体重。

【注意事项】

鸽用药后，5 小时后开始排虫，通常 48 小时内排完。配对期间尽可能不用，否则会影响种鸽受精。

4. 吡喹酮

【性状】

本品为白色或类白色结晶性粉末，不溶于水。

【作用与应用】

本品为疗效高、抗虫谱广、毒性小、使用安全的驱虫药。主要用于鸽剑带绦虫、膜壳绦虫及其他膜壳科绦虫，驱杀效果可达100%，对棘口线虫、前殖吸虫、舟身形嗜气管吸虫均有良效。

【制剂与用法】

片剂。每片 0.1 克、0.2 克、0.5 克。内服，每次 10~20 毫克 / 千克体重（治疗绦虫病）; 50~60 毫克 / 千克体重（治疗吸虫病）。

【注意事项】

本品一般无不良反应，若有不良反应，静注高渗葡萄糖溶液、碳酸氢钠注射液，可减轻反应。

5. 硫双二氯酚（别丁）

【性状】

本品为白色或类白色粉末，不溶于水。

【作用与应用】

本品是我国广泛使用的广谱驱吸虫、绦虫药。本品可驱除鸽的各种吸虫，对前殖吸虫、棘口吸虫及鸽的剑带绦虫、膜壳绦虫等都具有良效。

【制剂与用法】

片剂。每片 0.25 克、0.5 克。内服，200 毫克 / 千克体重。

【注意事项】

禁用乙醇或稀碱溶解本品后混饮。用量不能太大，以减轻腹泻、产蛋下降等副作用，停药后几日内可逐渐自行恢复。

6. 氢溴酸槟榔碱

【性状】

本品为白色微细、味苦的结晶性粉末。

【作用与应用】

本品虽然是一种传统的驱绦虫药，但由于槟榔碱对绦虫肌肉有较强的麻痹作用，使其丧失吸附于肠壁的能力，故临床上可用于驱除绦虫，如鸽剑带绦虫、膜壳绦虫，驱虫率可达100%；对吸虫也有效，驱虫率可达91%~100%。

【制剂与用法】

片剂。每片5毫克、10毫克。内服，1~2毫克/千克体重/次。

【注意事项】

本品用量不宜过大，瘦弱鸽用量应适当减少，幼鸽慎用。发生药物中毒时可用阿托品对症解救。

7. 盐酸氨丙啉（氨保宁、氨保乐）

【性状】

本品为白色或类白色粉末，易溶于水。

【作用与应用】

本品具有高效、安全、不易产生耐药性等优点，虽是20世纪60年代上市的抗球虫药，但至今仍在广泛应用。本品的结构与硫胺相似，因此能抑制球虫体内的硫胺代谢而发挥抗球虫作用。临床上常用于鸽球虫病的防治。

【制剂与用法】

粉剂。30克：6克。混饲，预防量100~125毫克/千克体重；治疗量250毫克/千克体重。混饮，预防量60~100毫克/升；治疗量250毫克/升，连用1周。

【注意事项】

禁与维生素 B_1 同时应用，以免降低药效。长期大量使用可引起鸽的维生素 B_1 缺乏症。种鸽配对期禁用，赛鸽比赛前 1 周禁用。

8. 盐霉素（砂利霉素、优素精）

【性状】

本品为白色或淡黄色结晶粉末，难溶于水。

【作用与应用】

本品为聚醚类广谱抗球虫药，对某些细菌及真菌也有效，为抗球虫病抗生素。

【制剂与用法】

预混剂。100 克∶5 克，100 克∶10 克，100 克∶50 克。混饲，每千克饲料添加 60 毫克（盐霉素实际含量）。

【注意事项】

本药使用时间不能过长，用量不能过大，若每千克饲料超过 100 毫克时，能抑制机体对球虫产生免疫力，并出现毒性作用。产蛋鸽禁用，赛鸽比赛前停药 5 天。

9. 磺胺喹噁啉（SQ）

【性状】

本品为磺胺类药中专用于抗球虫的药物，至今仍广泛应用。若与盐酸氨丙啉或抗菌增效剂合用，则抗球虫作用更强。临床上用于防治鸽球虫病。

【制剂与用法】

可溶性粉。100 克∶10 克。混饮，3~5 克 / 升；混饲，125 毫克 / 千克饲料。

【注意事项】

本品对幼鸽毒性较低，但药物浓度不能过高（0.1% 以上）、

饲喂时间不能过长（5 天以上），否则会引起与维生素 K 缺乏有关的出血和组织坏死现象，所以连用不能超过 7~10 天。赛鸽比赛前应停药 10 天。

10. 地克珠利

【性状】

本品为微黄色粉末，不溶于水。

【作用与应用】

本品为新型、广谱、高效、低毒的抗球虫药，有效用药浓度低，能有效地防治鸽球虫病。临床应用本品防治幼鸽球虫病疗效显著。

【制剂与用法】

预混剂。100 克 : 0.5 克。混饲，1 毫克 / 千克饲料。

口服液。10 毫升 : 0.05 克，20 毫升 : 0.1 克，50 毫升 : 0.25 克，100 毫升 : 0.5 克。混饮，0.5 毫克 / 升。

【注意事项】

由于本品的药物作用时间短，一般作用仅为 1 日，因此必须连续用药，以防球虫病再度暴发。为防止球虫耐药性的产生，宜采用穿梭或轮换用药的方法。因用药量极低，混饲必须均匀。

11. 盐酸氯苯胍（罗本尼丁）

【性状】

本品为白色或微黄色结晶性粉末，难溶于水。

【作用与应用】

对多种球虫有较强的活性，且广谱、高效、低毒，其作用峰期在感染后第 3 天。

【制剂与用法】

预混剂。100 克 : 10 克，500 克 : 50 克。混饲，40~60 毫克 / 千克饲料。

片剂。每片 10 毫克。内服，每次 10~15 毫克 / 千克体重。

【注意事项】

本品长期使用可产生耐药性，应合理应用。停药过早可导致复发。比赛前停药 5 天。

12. 伊维菌素（艾佛菌素、灭虫丁）

【性状】

本品为白色或淡黄色结晶性粉末，难溶于水。

【作用与应用】

本品为新型广谱、高效、低毒的大环内酯类抗生素驱虫药。对赛鸽体内多种线虫有良效，也对鸽体外寄生虫如皮蝇、鼻蝇各期的幼虫，以及疥螨、毛虱和血虱等有良效，但对绦虫和吸虫无驱杀作用。

【制剂与用法】

预混剂。100 克：0.6 克。混饲，0.1 毫克 / 千克体重。

注射液。50 毫升：0.5 毫克，100 毫升：1 克。皮下注射，0.2 毫克 / 千克体重。

【注意事项】

通常用药 1 次即可，必要时间隔 7~9 天，再用药 2~3 次。用药后 5 周内不可参加比赛。本药仅限于皮注，肌注和静注易引起中毒反应。

13. 溴氰菊酯（敌杀死、信特）

【性状】

本品为白色粉末，不溶于水。

【作用与应用】

本品为接触毒的杀虫剂，是使用最广泛的拟菊酯类杀虫药。对动物体外多种寄生虫，如螨、虱、蜱、蚊等都有杀虫作用。杀虫力

强、抗虫力强、抗虫谱广、残留少、安全价廉、使用方便。

【制剂与用法】

5% 乳油。药浴或喷淋，每毫升本品加水 1 000 升，稀释后喷洒，可间隔 8~10 天，再重复用药 1 次，可用于灭蜱、虱、蚤；按每平方米 1~10 毫克喷洒鸽舍、墙壁等，可有效杀灭蚊、蠓等双翅昆虫。

【注意事项】

本品对皮肤和呼吸道有刺激性，用时必须注意人、鸽安全。本药急性中毒时无特效解毒药，但阿托品可阻止流涎症状。对鱼剧毒，切勿倒入鱼塘内。

四、维生素类药物

维生素是赛鸽正常生理活动和生长、发育、繁殖、生产以及维持机体健康所必需的营养物质，在鸽体内起着调节和控制新陈代谢的作用。绝大多数维生素在体内不能合成，有的虽能合成但不能满足需要，必须从饲料中获取。在活棚饲养条件下，饲养于农村或城郊结合部的鸽能采食大量青绿饲料，一般情况下不会缺乏维生素，但若在大中城市高楼上建立的鸽场，则应注意维生素的补充。维生素缺乏时会导致各种维生素缺乏症，使鸽的生产性能下降，生长发育受阻。因此，在给赛鸽补充青绿饲料的同时，应该给予一些相应的维生素类药物，使鸽体摄入的维生素含量平衡。

（一）维生素 A

【性状】

本品为淡黄色的油溶液，在空气中易氧化，遇光易变质，在乙醇中微溶，在水中不溶。

【作用与应用】

本品具有促进上皮细胞的形成，维持视网膜的感光功能，参与合成视紫红质，保护上皮组织的完整性，提高鸽繁殖能力和免疫功能，促进鸽的生长发育。维生素 A 主要用于防治维生素 A 缺乏症，还常用于增强赛鸽对感染的抵抗力，减轻疫苗接种的应激反应。

【制剂与用法】

维生素 A D_3 粉。每袋 500 克，含维生素 A 250 万单位、维生素 D_3 50 万单位。混饲，按每 1~2 千克饲料 1 克的比例添加。

维生素 A D 油。1 克含维生素 A 5 000 单位、维生素 D 500 单位。内服，1~2 毫升 / 次。

鱼肝油。1 克含维生素 A 850 单位、维生素 D 85 单位。内服，1~2 毫升 / 次。

维生素 A D 注射液。5 毫升含维生素 A 25 万单位、维生素 D 2.5 万单位。肌内注射，0.25~0.5 毫升 / 次。

【注意事项】

大剂量长期摄入可产生毒性，表现为食欲不振、体重减轻、皮肤发痒、关节肿胀等。应遮光密封保存于阴凉处。拌入饲料后注意保管，防止发热、发霉和氧化。使用时不能剂量过大，以免中毒。

（二）维生素 D

【性状】

维生素 D_2 和维生素 D_3 均为无色针状结晶性粉末，无嗅、无味，遇光或空气均易变质，在乙醇中易溶，在植物油中略溶，在水中不溶。

【作用与应用】

维生素 D 是体内钙、磷代谢，骨化，蛋壳形成不可缺少的营养物质。缺乏时，幼鸽生长发育不良，喙爪变软、弯曲，腿部畸形、胸骨弯曲；母鸽产蛋量减少，蛋壳变薄，孵化率下降。维生素 D 主要来自鱼肝油、维生素 D 制剂。

【制剂与用法】

维生素 D 的生物效价用国际单位（IU）表示。1 个单位相当于 0.025 微克结晶维生素 D_3。维生素 D_3 鸽需要量为 500 单位 / 千克饲料。

鱼肝油、维生素 A D 油、维生素 A D 注射液。规格、剂量见维生素 A。

维生素 D_2 胶性钙注射液。肌内注射，1.5 万单位 / 次。

【注意事项】

不论是平时饲料中添加还是治疗时，维生素 D 过量都有可能引起鸽体中毒，当每千克饲料中维生素 D 的含量超过正常需要量的 4~6 倍时，可使鸽肾脏受到损害。

（三）维生素 E（生育酚）

【性状】

本品为微黄色或黄色透明的黏稠液体，几乎无嗅，遇光颜色渐变深。在乙醇中易溶，在水中不溶，不易被酸、碱、热破坏，遇氧迅速被氧化。

【作用与应用】

临床上主要用于防治动物的白肌病（可配合应用亚硒酸钠）、不育症、流产和少精以及生长不良、营养不足等综合性缺乏症。在应用时可配合应用维生素 A、维生素 D、B 族维生素等。维生素 E 可提高鸽的生殖功能。

【制剂与用法】

片剂。每片 50 毫克、100 毫克。内服，5~10 毫克 / 次。在饲料中添加时用量为 0.005%~0.01%。

注射液。1 毫升 : 50 毫克。肌内注射，10~20 毫克 / 次。

亚硒酸钠维生素 E 粉。含 0.04% 亚硒酸钠、0.5% 维生素 E。

内服，50~100 克 / 只。

【注意事项】

应避光密闭保存。将维生素 E 添加在饲料中时，1 次不能处理过多，而且添加后应尽快使用。

（四）维生素 B_1（硫胺素）

【性状】

本品为白色结晶或结晶性粉末，有微弱的特异臭，味苦，在水中易溶，在乙醇中微溶。

【作用与应用】

主要功能是控制鸽体内水分的代谢，维持神经组织及心脏的正常功能，维持肠蠕动和促进消化道内脂肪吸收。缺乏时会导致幼鸽食欲减退，生长发育受阻，痉挛，严重时头向后背极度弯曲，瘫痪，卧地不起，引起多发性神经炎、生殖器官萎缩。维生素 B_1 主要来源于禾谷类加工副产品、谷类、青绿饲料、优质干草及维生素 B_1 制剂。

【制剂与用法】

片剂。每片 10 毫克。内服，每次 2.5~8 毫克 / 千克体重。混饲，30 克 / 吨饲料。

注射液。每支 2 毫升∶50 毫克，2 毫升∶100 毫克。肌内注射，1~3 毫克 / 千克体重，1 日 2 次，连用 3~5 天。

【注意事项】

维生素 B_1 应保存于干燥环境中。较长时间使用抗球虫药如氨丙啉时，要加大维生素 B_1 的用量，或间断使用此类药物。

（五）维生素 B_2（核黄素）

【性状】

本品为橙黄色结晶性粉末，微嗅，味微苦，溶液易变质，在碱

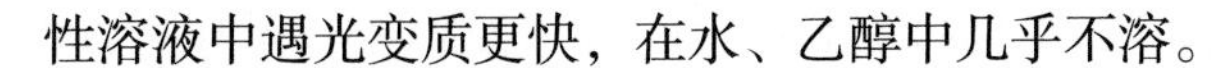

性溶液中遇光变质更快，在水、乙醇中几乎不溶。

【作用与应用】

主要用于维生素 B_2 缺乏症的防治，如口炎、皮炎、角膜炎等。维生素 B_2 起辅酶作用，影响蛋白质、脂肪和核酸的代谢功能。如果鸽体内缺乏维生素 B_2，会引起幼鸽生长迟缓，足趾蜷曲麻痹，母鸽产蛋量减少，受精蛋孵化率降低，死胚增加。维生素主要来源于干酵母、苜蓿粉、动物性蛋白质、核黄素制剂等。

【制剂与用法】

片剂。每片 5 毫克、10 毫克。按每次 10 毫克 / 千克体重，连用 3~5 天。如果混于饲料中，按 2~5 克 / 吨料添加。

注射液。每支 2 毫升∶1 毫克，2 毫升∶5 毫克，5 毫升∶10 毫克。肌注，幼鸽 0.5~1 毫克 / 次，每日 1 次。连用 3~4 天；成年鸽可参照内服剂量。

【注意事项】

保存于干燥环境中。

（六）维生素 B_6

【性状】

本品为白色或类白色的结晶或结晶性粉末，无嗅，味微苦，见光渐变质，在水中易溶，在乙醇中微溶。

【作用与应用】

维生素 B_6 是吡哆醇、吡哆醛、吡哆胺的合称。常与维生素 B_1、维生素 B_2 和烟酸等合用，综合防治 B 族维生素缺乏症。维生素 B_6 也用于治疗氰乙酰肼、异烟肼、青霉胺、环丝氨酸等中毒引起的胃肠道反应和痉挛等兴奋症状。

【制剂与用法】

片剂。每片 10 毫克。内服，2.5~8 毫克 / 千克体重，每日 2

次，连用 5~7 天。混饲，预防量 3.0 毫克 / 千克体重，治疗量 6.0 毫克 / 千克体重。

注射液。每支 1 毫升 : 25 毫克，1 毫升 : 50 毫克，2 毫升 : 100 毫克。皮下或肌内注射，2.5~8 毫克 / 千克体重 / 次。

【注意事项】

防潮保存。

（七）维生素 B_{12}

【性状】

本品为深红色结晶性粉末，无嗅，无味，吸湿性强，在水或乙醇中略溶。

【作用与应用】

维生素 B_{12} 是促红细胞生成因子，又叫钴胺素。是含有金属元素的维生素，主要功能是维持正常的造血功能，有助于提高造血功能和日粮中蛋白质的利用率。缺乏时，会引起幼鸽生长速度减慢，母鸽产蛋量下降，孵化率降低，脂肪沉积并有出血症状。维生素 B_{12} 主要来源于动物性蛋白质饲料和维生素 B_{12} 制剂。

【制剂与用法】

注射液。每支 1 毫升 : 50 微克，1 毫升 : 100 微克。肌内注射，0.001~0.004 毫克 / 只注射。如在日粮中添加，可按 3~10 微克 / 千克饲料量拌料。

【注意事项】

干燥密闭环境中保存。

（八）维生素 C（抗坏血酸）

【性状】

本品为白色结晶或结晶性，无嗅，味酸，久置颜色渐变微黄，水溶液呈酸性，在水中易溶，在乙醇中略溶。

【作用与应用】

主要用于防治维生素缺乏症，铅、汞、砷、苯等慢性中毒，以及风湿性疾病、药疹、荨麻疹和高铁血红蛋白血症，可用作辅助治疗用药。维生素 C 可在鸽体内合成。

【制剂与用法】

片剂。每片 25 毫克、50 毫克、100 毫克。内服，25~50 毫克 / 次。

注射液。每支 2 毫升 : 0.1 克，2 毫升 : 0.25 克，5 毫升 : 0.5 克，10 毫升 : 1 克。肌内注射，每次 25 毫克 / 千克体重。

【注意事项】

避免高温存放，注意防潮。不可与碱性较强的注射液混合应用。

五、灭鼠药物

众所周知，鼠类对赛鸽的危害较大，不但是赛鸽疫病的传染源，还偷吃饲料、惊吓赛鸽，容易造成幼鸽创伤和内脏出血，可引起急性死亡。

鸽场常用一些灭鼠药物来防止老鼠对鸽的侵袭和骚扰。目前敌鼠钠是生产上使用比较广泛的灭鼠药。

（一）灭鼠安

【性状】

本品为黄色粉末，无嗅、无味，性质稳定，不溶于水和油类，能溶于乙醇、丙酮等有机溶剂，与强酸作用后可生成溶于水的盐类。

【原理】

灭鼠安对鼠类能选择性地显示毒力，呈较强的毒杀作用。对鸽的毒性较低。鼠食入后能抑制体内酰胺代谢，中毒鼠出现严重的维生素 B 缺乏症，后肢瘫痪，常死于呼吸肌麻痹。

【用法】

用药时配成 0.5%~2% 的毒饵，每堆投放 1~2 克。使用时应避免鸽误食。

（二）氯敌鼠（氯鼠酮）

【性状】

本品为黄色结晶性粉末，不溶于水，可溶于乙醇、丙酮、乙酸、乙酯，无嗅无味，性质稳定。对鼠类适口性较好，为广谱性杀鼠剂。

【原理】

与敌鼠钠盐属于同一种类杀鼠剂，对鼠的毒性作用比敌鼠钠盐强，且对人、赛鸽的毒性较低，使用安全可靠。

【用法】

本品有含量 90% 的原药粉、0.25% 的母粉、0.5% 油剂 3 种剂型，使用时常配成如下毒饵。

0.005% 水质毒饵。取 90% 的原药粉 3 克，溶于适当热水中，待凉后，拌入 50 千克饵料中，晾干后备用。

0.005% 油质毒饵。取 90% 的原药粉 3 克，溶于 1 千克热食油中，晾冷至常温，混于 50 千克饵料中，搅拌均匀即可使用。

0.005% 粉剂毒饵。取 0.25% 母粉 1 千克，加入 50 千克饵料及少许植物油，充分搅拌混合均匀即可使用。

六、解毒药

阿托品

【性状】

本品是从茄科植物颠茄、莨菪或曼陀罗等中提取的生物碱。其硫酸盐为白色结晶粉末，无嗅，味苦，易溶于水、醇，遇碱性物质可分解，遇光易氧化变色，故须遮光、密封保存。

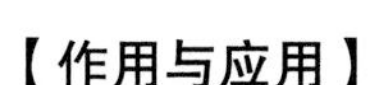

【作用与应用】

阿托品为抗胆碱药，主要作用能阻断M胆碱受体，松弛内脏平滑肌，解除支气管平滑肌痉挛，抑制腺体分泌，散大瞳孔，缓解胃肠道症状和对抗心脏抑制的作用，对呼吸中枢也有轻度的兴奋作用。

阿托品用于有机磷中毒的解毒，只能解除轻度中毒的毒性。由于本品不能恢复碱酯酶的活性，也不能解除乙酰胆碱对横纹肌的作用，因此在鸽发生严重中毒时，应与解磷定反复应用，才能奏效。

本品还可用于有机氮类农用杀虫剂呋喃丹中毒的解毒。此外，也可对抗各种毒物中毒后出现类似副交感神经兴奋症状。

【制剂与用法】

硫酸阿托品注射液。每支1毫升:0.5毫克，1毫升:1毫克，1毫升:5毫克。皮下注射，0.5毫克/次。

硫酸阿托品片。每片0.3毫克。内服，每次0.1~0.25毫克。

七、抗病毒药物

（一）吗啉胍

别名：吗啉咪胍、吗啉双胍、病毒灵、ABOB。

【性状】

本品为白色或类白色的结晶或结晶性粉末，无嗅，味微苦，见光渐变质，在水中易溶，在乙醇中微溶。

【作用与应用】

吗啉胍为广谱抗病毒药，对流感病毒等多种病毒增殖期的各个环节都有作用。临床主要用于呼吸道感染、流感、鸽痘、疱疹病毒等治疗。1%浓度对DNA病毒（腺病毒、疱疹病毒）和RNA病毒（埃可病毒）都有明显抑制作用，对病毒增殖周期各个阶段均有抑制作用。对游离病毒颗粒无直接作用。

【制剂与用法】

片剂。每片 10 毫克。内服，5 毫克 / 千克体重，每日 2 次，连用 3~5 天。

注射液。每支 1 毫升 : 25 毫克，1 毫升 : 50 毫克，2 毫升 : 100 毫克。皮下或肌内注射，每次 2.5 毫克 / 千克体重。

【注意事项】

大剂量使用或长期使用可引起赛鸽食欲不振和轻微消瘦。

（二）利巴韦林

又名病毒唑（Bingduzuo）、利巴韦林（Ribavirin）、三氮唑核苷（Ribavirin）、威乐星、Virazde、RBV，是广谱强效的抗病毒药物，目前广泛应用于病毒性疾病的防治。常用剂型有注射剂、片剂、口服液、气雾剂等。

【性状】

本品为白色结晶性粉末，无嗅，无味，易溶于水。

【药理作用】

本品对 RNA 和 DNA 病毒都具有广谱抗病毒活性，对药物敏感的病毒包括：正黏病毒、副黏病毒、腺病毒、疱疹病毒、痘病毒、环状病毒、轮状病毒等。本品进入受感染的细胞后被迅速磷酸化，竞争性抑制病毒合成酶，从而使细胞三磷酸鸟苷减少，损害病毒 RNA 和蛋白质的合成，使病毒的复制受到抑制。

【功能主治】

用于防治鸽流感、法氏囊病、鸽痘、赛鸽传染性支气管炎、赛鸽传染性喉气管炎、赛鸽新城疫感染症等病毒性疾病。

【用法用量】

① 原粉。赛鸽饮水。本品 1 克原粉对水 20 千克，拌料加倍，连用 3~5 天。

② 片剂。100 毫克。每只赛鸽一次使用 25 毫克口服。

③ 口服液。150 毫克 /5 毫升、300 毫克 /10 毫升。每支供 5 羽赛鸽使用。

④ 针剂。100 毫克 /1 毫升。每羽赛鸽注射 15~20 毫克。

⑤ 眼药水。8 毫克 /8 毫升。每次 1 滴。

⑥ 滴鼻液。50 毫克 /10 毫升。每次每羽 1~2 滴。

【注意事项】

种鸽配对期慎用。

【停药期】

3 日。

(三)金刚乙胺

新型广谱高效抗病毒药。对亚洲 A 型 B 型流感病毒作用独特，能阻止病毒进入宿主细胞，抑制病毒的复制，对病毒性传染病具有良好的预防和治疗效果。

【性状】

本品为白色结晶性粉末，无嗅、味苦，含辛辣味，溶于水。

【作用特点】

抗病毒谱广、活性高，吸收快而完全，毒副作用小，预防赛鸽流感有特效，抗病毒效果是金刚烷胺的 10 倍，是目前预防和治疗 A 型流感最安全有效的药物。

【功能主治】

用于治疗由 A 型流感病毒引起的赛鸽感染和疾病综合征。可以减轻赛鸽全身性或呼吸性疾病。主要用于预防和治疗赛鸽流行性感冒，赛鸽传染性支气管炎，赛鸽传染性胃肠炎以及法氏囊病等病毒性传染病。

【用法用量】

原粉混饮：本品 1 克对水 15 千克，连用 5~7 天；拌料：本品 1 克拌料 10 千克，连用 5~7 天。

【注意事项】

配对期不宜使用。

（四）阿昔洛韦

【性状】

本品呈白色片。

【药理毒理】

抗病毒药。体外用药：对单纯性疱疹病毒、水痘带状疱疹病毒、巨细胞病毒等具抑制作用。本品进入疱疹病毒感染的细胞后，与脱氧核苷竞争病毒胸苷激酶或细胞激酶，药物被磷酸化成活化型阿昔洛韦三磷酸酯，然后通过两种方式抑制病毒复制：一种是干扰病毒 DNA 多聚酶，抑制病毒的复制；另一种是在 DNA 多聚酶作用下，与增长的 DNA 链结合，引起 DNA 链的延伸中断。

【功能主治】

① 单纯疱疹病毒感染。对于疱疹病毒感染有预防和治疗作用。

② 带状疱疹。用于免疫功能正常者带状疱疹和免疫缺陷者轻症病例的治疗。

③ 鸽痘的治疗。

【用法和用量】

口服疱疹初期和鸽痘：1 次 1/8 片，1 日 2 次。

【不良反应】

偶有呕吐、腹泻、食欲减退等。

【注意事项】

脱水或已有肝中毒者需慎用。

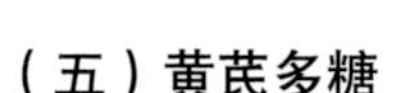

（五）黄芪多糖

本品为豆科植物黄芪的干燥根经浓缩提取而成的干燥粉末。具有“扶正固本、补中益气”的功效。黄芪含有多糖、蛋白质、生物碱氨基酸、黄酮类、苷类、微量元素等多种生物活性物质，其中多糖的免疫活性尤为突出。黄芪多糖是葡萄糖和阿拉伯糖的多聚糖，是黄芪中含量最多、免疫活性较强的一类物质，具有增强免疫和抗病毒作用，并且毒性较低，因此，黄芪及其多糖提取物作为一种新型免疫增强剂将在动物养殖中得到广泛应用。

【药理作用】

增强免疫功能、诱导机体产生干扰素保护心血管系统、调节血糖、降血压。对免疫功能的促进和调节作用尤为明显。

【功能主治】

黄芪多糖主要用于赛鸽病毒性疾病，用于治疗和预防赛鸽圆环病毒病、病毒性腹泻、传染性胃肠炎等疾病。用于治疗和预防赛鸽的流行性感冒、非典型新城疫、法氏囊炎、传支、传喉等。

【用法用量】

① 原粉混饲。每 1 千克饲料加入本品 1 克。

② 混饮。每 1 升水中加入本品 0.5 克，连用 3~5 天，首次用量加倍，预防用量减半。

（六）金丝桃素

【性状】

本品为深棕褐色粉末，气味为特有清香，味苦，易溶于水。

【药理作用】

（1）抗病毒。可抑制机体免疫缺陷病毒（HIV）及其他一些反转录病毒。金丝桃素的抗病毒机制与其光敏活性有关。光照条件下，金丝桃素吸收光子，然后激发单线态氧，释放能量。产生的单线态氧可破坏细胞膜，干扰蛋白质和核酸合成。贯叶连翘抗病毒活性物质是金丝桃素。人工合成的乙基金丝桃素（金丝桃素 2，3 位上的甲基都被乙基取代）具有比金丝桃素更高的抗病毒活性。

（2）免疫功能。贯叶连翘的一种多酚化合物可激活单核吞噬细胞等白细胞。一种油溶性组分有温和的免疫抑制功能，可抑制白介素 -6 的释放。活体试验表明，贯叶连翘冷冻干燥制品抑制炎症和白细胞浸润。

（3）抗炎作用。金丝桃素抑制花生四烯酸和白三烯酸 B 的释放。而这两种物质能作为抗炎药使用。

【功能主治】

对鸽流感 H5N1 和 H9N2 亚型病毒的杀灭率分别达到 100% 和 99.99%。金丝桃素（Hypericin）是中药贯叶连翘中最具生物活性的物质。能直接添加在赛鸽饲料和饮用水中，防治病毒。

【用法与用量】

正常预防剂量为每吨饲料中添加 400 克原粉，连续使用 7 天。治疗剂量为每只赛鸽每日服用 25~50 毫克，连续使用 3~4 天。最大安全剂量：1 克 / 只 / 日。

（七）免疫球蛋白

本品是病毒进入机体后诱导宿主细胞产生的一类具有多种生物活性的糖蛋白。制剂有注射液和冻干粉两种，每支约 100 万单位、300 万单位、500 万单位。

【性状】

本品为无色至浅黄色微浊溶液，冷冻为冰块状。

【作用机理】

免疫球蛋白进入机体后产生多种广谱抗病毒蛋白、分解病毒 RNA、阻断病毒蛋白合成、导致 tRNA 与氨基酸不能结合而消除病

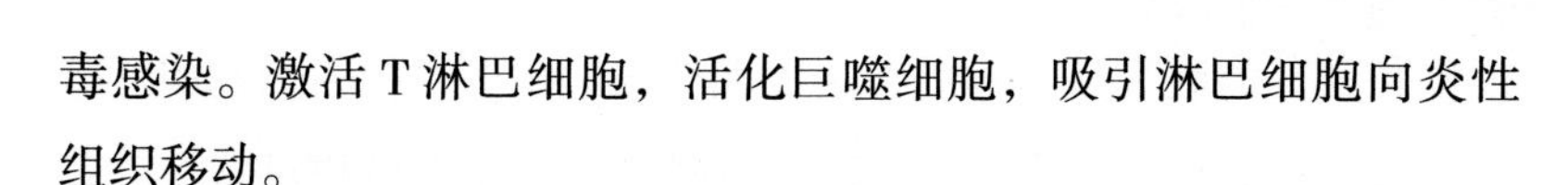

毒感染。激活 T 淋巴细胞，活化巨噬细胞，吸引淋巴细胞向炎性组织移动。

【适应症】

主要用于赛鸽新城疫、流行性感冒、鸽痘、疱疹病毒、腺病毒等病毒性疾病的预防和治疗。

【用法与用量】

治疗：肌内注射 1 次 / 日，连用 2 天，饮水量加倍，预防减半。

【规格】

2 克。

（八）阿糖腺苷

【性状】

本品为浅黄或黄色粉末。

【药理应用】

本品针对长期使用抗病毒药的动物有特效，是利巴韦林对病毒干扰程度的 4 倍以上，对 DNA 病毒（如痘疹病毒、疱疹病毒）有显著抑制作用。

【适应症】

用于治疗病毒混合感染综合征，对腺病毒、新城疫病毒有特效，针对赛鸽传染性支气管炎、传染性喉气管炎、鸽痘等也有很显著的治疗作用，对利巴韦林有效的病毒均可用其替代，另外本品有解热、消炎功效，能迅速改善赛鸽食欲。

【用量用法】

赛鸽用量 1 克对水 10 升，或拌料 5 千克，连续使用 3 天。

八、护肝精和肝肾宝——解肝护肾药物

赛鸽用药与一般畜禽用药是有很大区别的，这不仅仅表现在剂量方面，赛鸽用药的要求非常严格，种鸽用药要求更为谨慎。赛鸽没有胆囊，内服大量药物后，会极大增加肝脏的负担，引起胆汁分泌异常，赛鸽抵抗力将逐步下降，选择合适有效的肝精进行护肝解毒，方可达到事半功倍的效果。

第三节　赛鸽给药技术

赛鸽患病时，可以通过药物治疗、手术治疗等。药物治疗可分为群体给药及个体给药。给药途径不同，则药物的吸收速度、药效出现快慢及维持时间就不同，甚至能引起药物作用性质的改变。因此，应根据药物的特性和鸽的生理、病理状况选择不同的给药途径。手术治疗主要是对个体治疗。

（一）群体给药法

（1）混水给药。就是将药物溶于水中，让鸽群自由饮水，此法常用于预防和治疗鸽病，应用混水给药时注意药物的溶解度，易溶于水的药物用混水给药效果较佳。掌握混水给药时间的长短，在水中一定时间内易破坏的药物，先用少量水将药物调匀，再用多量水混合制成混悬液，并适时搅拌。

（2）混料给药。将药物均匀地混入饲料中，让鸽采食饲料时同时食进药物，此法简单易行，是长期投药的一种给药方法，有些不溶于水而且适口性又差的药物，用此法给药更为合适。药物与饲料的混合必须均匀，尤其是易发生不良反应的药物及用量较少的药物，更要充分混合均匀。鸽一般食粒料，在拌料给药时，可先用相当于饲料重量 1/4～1/2 的水和药物混合，然后与饲料混合，并充

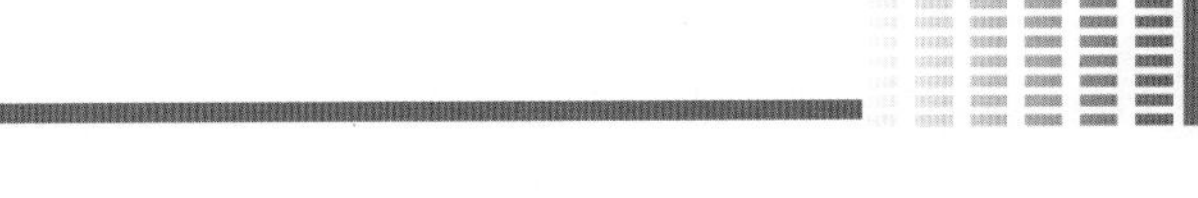

分搅拌，1~2 小时后再喂赛鸽。

（3）外用给药。此法多用于鸽的体表，以杀灭体外寄生虫或体外微生物；也可以用于消毒鸽舍、周围环境和用具等，外用给药常用喷雾、药浴、喷洒等方法。外用药物一般毒性较大，应认真选择，严格掌握药液的浓度，药量太大时就会造成中毒。驱杀鸽体外寄生虫最好选用毒性较低的药品。使用喷雾法时，浓度较大的应适当稀释，尽量不要喷到鸽的头部。也可将药物按一定浓度稀释到水中让鸽淋浴、沐浴或者捉鸽洗浴。在沐浴、淋浴或喷雾之前，应让鸽饮足清水，避免因口渴而误饮较多的药液，导致中毒。

（二）个体给药法

（1）注射法。常应用于预防和治疗鸽病，在颈部、胸肌、翼窝等处肌内注射。其中，肌内注射时，药物发挥作用最快，颈部皮下注射次之，皮内注射吸收较慢。在颈部皮下 1/3 处注射效果最好，但应注意的是，注射时针头与颈部保持 30° 角，而且用 6 号或 7 号针头，进针深度在 1~1.5 厘米为宜。注射法的优点是给药剂量准确，药效可靠，不影响飞行。

（2）口服法。将水剂、片剂、丸剂、胶囊及粉剂等药物，经口投服，药效也可靠。可以将药片压碎成细小颗粒，将鸽嘴掰开投入，再向口腔中滴入几滴水，帮助赛鸽吞咽。或者将药物研成粉末，拌入麸皮、面粉等，加水调成粒状投服。纯粹液体药剂，可以滴入或灌服，一次 0.5 毫升左右。

（三）保健砂给药法

赛鸽每天都吃一定量的保健砂，将药物均匀地混于保健砂中，赛鸽在吃食保健砂的同时吃到一定量的药物，在预防鸽病中起到一定的作用。这是一种较为简便的方法，适用于药量较小、毒性较低及长期投喂的药物，特别适用于某些不溶于水且适口性较差的药物。使用此法时应注意以下问题。

（1）药物应掺混均匀。赛鸽吃保健砂的数量较少，每天采食量为3~10克（不同时期赛鸽采食量不同，每只每天平均采食3克左右）。应保证药物掺混均匀，尤其是易产生不良反应的呋喃类、磺胺类及某些抗寄生虫药物，用量较少的药物更应充分混匀。先取少量配制好的保健砂，将药物倒入其中反复搅拌，然后再倒入所需要量的保健砂中，反复搅拌5~6次。

（2）注意药物和保健砂成分的关系。保健砂中的成分较多，有常量元素、微量元素、维生素等，使用药物时，应注意避免失效或造成不良反应。例如四环素、土霉素能与钙离子结合成一种不易溶解的盐，不能被机体吸收。

（3）坚持现配现用。将适量的药物混于当天用的保健砂中供鸽采食，才能收到良好效果。避免将药物混入保健砂中连续使用几天甚至更长的时间。

第四节　药物临床配伍禁忌（下表）

表　常用药物配伍禁忌

分类	药物	配伍药物	配伍使用结果
青霉素类	青霉素钠、钾盐；氨苄西林类；阿莫西林类	喹诺酮类、氨基糖苷类、（庆大霉素除外）、多黏菌类	效果增强
		四环素类、头孢菌素类、大环内酯类、氯霉素类、庆大霉素、利巴韦林、培氟沙星	相互拮抗或疗效相抵或产生副作用，应分别使用、间隔给药
		维生素 C、维生素 B、罗红霉素、维生素 C 多聚磷酸酯、磺胺类、氨茶碱、高锰酸钾、盐酸氯丙嗪、B 族维生素、过氧化氢	沉淀、分解、失败
头孢菌素类	“头孢”系列	氨基糖苷类、喹诺酮类	疗效、毒性增强
		青霉素类、洁霉素类、四环素类、磺胺类	相互拮抗或疗效相抵或产生副作用，应分别使用、间隔给药
		维生素 C、维生素 B、磺胺类、罗红霉素、氨茶碱、氯霉素、氟苯尼考、甲砜霉素、盐酸强力霉素	沉淀、分解、失败
		强利尿药、含钙制剂	与头孢噻吩、头孢噻呋等头孢类药物配伍会增加毒副作用

续表

分类	药物	配伍药物	配伍使用结果
氨基糖苷类	卡那霉素、阿米卡星、核糖霉素、妥布霉素、庆大霉素、大观霉素、新霉素、巴龙霉素、链霉素等	抗生素类	本品应尽量避免与抗生素类药物联合应用，大多数本类药物与大多数抗生素联用会增加毒性或降低疗效
		青霉素类、头孢菌素类、洁霉素类、TMP	疗效增强
		碱性药物（如碳酸氢钠、氨茶碱等）、硼砂	疗效增强，但毒性也同时增强
		维生素C、维生素B	疗效减弱
		氨基糖苷同类药物、头孢菌素类、万古霉素	毒性增强
	大观霉素	氯霉素、四环素	拮抗作用，疗效抵消
	卡那霉素、庆大霉素	其他抗菌药物	不可同时使用
大环内酯类	红霉素、罗红霉素、硫氰酸红霉素、替米考星、吉他霉素（北里霉素）、泰乐菌素、替米考星、乙酰螺旋霉素、阿齐霉素	洁霉素类、麦迪素霉、螺旋霉素、阿司匹林	降低疗效
		青霉素类、无机盐类、四环素类	沉淀、降低疗效
		碱性物质	增强稳定性、增强疗效
		酸性物质	不稳定、易分解失效
四环素类	土霉素、四环素（盐酸四环素）、金霉素（盐酸金霉素）、强力霉素（盐酸多西环素、脱氧土霉素）、米诺环素（二甲胺四环素）	甲氧苄啶、三黄粉	稳效
		含钙、镁、铝、铁的中药如石类、壳贝类、骨类、矾类、脂类等，含碱类，含鞣质的中成药、含消化酶的中药如神曲、麦芽、豆豉等，含碱性成分较多的中药如硼砂等	不宜同用，如确需联用应至少间隔2小时
		其他药物	四环素类药物不宜与绝大多数其他药物混合使用

续表

分类	药物	配伍药物	配伍使用结果
氯霉素类	氯霉素、甲砜霉素、氟苯尼考	喹诺酮类、磺胺类、呋喃类	毒性增强
		青霉素类、大环内酯类、四环素类、多黏菌素类、氨基糖苷类、氯丙嗪、洁霉素类、头孢菌素类、维生素B类、铁类制剂、免疫制剂、环林酰胺、利福平	拮抗作用，疗效抵消
		碱性药物（如碳酸氢钠、氨茶碱等）	分解、失效
喹诺酮类	氟哌酸、“沙星”系列	青霉素类、链霉素、新霉素、庆大霉素	疗效增强
		洁霉素类、氨茶碱、金属离子（如钙、镁、铝、铁等）	沉淀、失效
		四环素类、氯霉素类、呋喃类、罗红霉素、利福平	疗效降低
		头孢菌素类	毒性增强
磺胺类	磺胺嘧啶、磺胺二甲嘧啶、磺胺甲恶唑、磺胺对甲氧嘧啶、磺胺间甲氧嘧啶、磺胺噻唑	青霉素类	沉淀、分解、失效
		头孢菌素类	疗效降低
		氯霉素类、罗红霉素	毒性增强
		TMP、新霉素、庆大霉素、卡那霉素	疗效增强
	磺胺嘧啶	阿米卡星、头孢菌素类、氨基糖苷类、利卡多因、林可霉素、普鲁卡因、四环素类、青霉素类、红霉素	配伍后疗效降低或抵消或产生沉淀
抗菌增效剂	二甲氧苄啶、甲氧苄啶（三甲氧苄啶、TMP）	参照磺胺药物的配伍说明	参照磺胺药物的配伍说明
		磺胺类、四环素类、红霉素、庆大霉素、黏菌素	疗效增强
		青霉素类	沉淀、分解、失效

续表

分类	药物	配伍药物	配伍使用结果
		其他抗菌药物	与许多抗菌药物用可起增效或协同作用，其作用明显程度不一，使用时可摸索规律。但并不是与任何药物合用都有增效、协同作用，不可盲目合用
洁霉素类	盐酸林可霉素（盐酸洁霉素）、盐酸克林霉素（盐酸氯洁霉素）	氨基糖苷类	协同作用
		大环内酯类、氯霉素	疗效降低
		喹诺酮类	沉淀、失效
多黏菌素类	多黏菌素	磺胺类、甲氧苄啶、利福平	疗效增强
	杆菌肽	青霉素类、链霉素、新霉素、金霉素、多黏菌素	协同作用、疗效增强
		喹乙醇、吉他霉素、恩拉霉素	拮抗作用，疗效抵消，禁止并用
	恩拉霉素	四环素、吉他霉素、杆菌肽	
抗病毒类	利巴韦林、金刚烷胺、阿糖腺苷、阿昔洛韦、吗啉胍、干扰素	抗菌类	无明显禁忌，无协同、增效作用。合用时主要用于防治病毒感染后再引起继发性细菌类感染，但有可能增加毒性，应防止滥用
		其他药物	无明显禁忌记载
抗寄生虫药	苯并咪唑类（达唑类）	长期使用	易产生耐药性
		联合使用	易产生交叉耐药性并可能增加毒性，一般情况下应避免同时使用
	其他抗寄生虫药	长期使用	此类药物一般毒性较强，应避免长期使用
		同类药物	毒性增强，应间隔用药，确需同用应减低用量
		其他药物	容易增加毒性或产生拮抗，应尽量避免合用

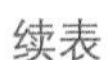

续表

分类	药物	配伍药物	配伍使用结果
助消化与健胃药	乳酶生	酊剂、抗菌剂、鞣酸蛋白、铋制剂	疗效减弱
	胃蛋白酶	中药	许多中药能降低胃蛋白酶的疗效，应避免合用，确需与中药合用时应注意观察效果
		强酸、碱性、重金属盐、鞣酸溶液及高温	沉淀或灭活、失效
	干酵母	磺胺类	拮抗、降低疗效
	稀盐酸、稀醋酸	碱类、盐类、有机酸及洋地黄	沉淀、失效
	人工盐	酸类	中和、疗效减弱
	胰酶	强酸、碱性、重金属盐溶液及高温	沉淀或灭活、失效
	碳酸氢钠（小苏打）	镁盐、钙盐、鞣酸类、生物碱类等	疗效降低或分解或沉淀或失效
		酸性溶液	中和失效
平喘药	茶碱类（氨茶碱）	其他茶碱类、洁霉素类、四环素类、喹诺酮类、盐酸氯丙嗪、大环内酯类、氯霉素类、呋喃妥因、利福平	毒副作用增强或失效
		药物酸碱度	酸性药物可增加氨茶碱排泄、碱性药物可减少氨茶碱排泄
维生素类	所有维生素	长期使用、大剂量使用	易中毒甚至致死
	B 族维生素	碱性溶液	沉淀、破坏、失效
		氧化剂、还原剂、高温	分解、失效
		青霉素类、头孢菌素类、四环素类、多黏菌素、氨基糖苷类、洁霉素类、氯霉素类	灭活、失效

续表

分类	药物	配伍药物	配伍使用结果
	C 族维生素	碱性溶液、氧化剂	氧化、破坏、失效
		青霉素类、头孢菌素类、四环素类、多黏菌素、氨基糖苷类、洁霉素类、氯霉素类	灭活、失效
消毒防腐类	漂白粉	酸类	分解、失效
	酒精（乙醇）	氯化剂、无机盐等	氧化、失效
	硼酸	碱性物质、鞣酸	疗效降低
	碘类制剂	氨水、铵盐类	生成爆炸性的碘化氮
		重金属盐	沉淀、失效
		生物碱类	析出生物碱沉淀
		淀粉类	溶液变蓝
		龙胆紫	疗效减弱
		挥发油	分解、失效
	高锰酸钾	氨及其制剂	沉淀
		甘油、酒精（乙醇）	失效
	过氧化氢（双氧水）	碘类制剂、高锰酸钾、碱类、药用炭	分解、失效
	过氧乙酸	碱类如氢氧化钠、氨溶液等	中和失效
	碱类（生石灰、氢氧化钠等）	酸性溶液	中和失效
	氨溶液	酸性溶液	中和失效
		碘类溶液	生成爆炸性的碘化氮

注：1. 本配伍疗效表为各药品的主要配伍情况，每类产品均侧重该类药品的配伍影响，恐有疏漏，在配伍用药时，应详查所涉及的每一个药品项下的配伍说明。

2. 药品配伍时，有的反映比较明确，因为记录在案；有的不太明确，要看配伍条件，因配伍剂量和条件不同可能产生不同结果。因此，任何药物相互配伍均有可能因条件不同而产生不同结果，甚至发生与“书本知识”截然不同的结果，使用者在配伍用药时应自行摸索规律，切不可盲目相信“书本知识”（“书本知识”仅仅是一般规律）

第五节　赛鸽用药的禁、限、慎

近年来我国赛鸽事业快速发展，生机勃勃。随着全国赛鸽运动规模不断扩大，世界各国优秀赛鸽的相继被引进，鸽病也随之越来越多，而且也更加复杂。为了预防和控制疾病，在现实情况下，不使用抗生素药物，鸽群容易发生疾病或不稳定，经常使用药物即使可以减少疾病发生或死亡，但对赛鸽有相当大的不良影响，尤其是对处于赛季的赛鸽影响尤为明显，有些鸽友不了解情况，盲目投药，使竞翔成绩下降，造成较大的经济和人力损失，也给鸽体造成耐药性伤害而影响赛鸽的品质与健康。因此，鸽友使用药物时应高度重视鸽药的禁用、限用、慎用之区别。

首先，鸽友所用鸽药应符合《中华人民共和国兽药典》《中华人民共和国兽药规范》《兽药质量标准》《进口兽药质量标准》和《兽用生物制品质量标准》的有关规定。所用鸽药应产自具有兽药生产许可证并具有产品批准文号的生产企业，或者具有《进口兽药登记许可证》供应商。所用兽药的标签应符合《兽药管理条例》的规定。其次是鸽友在用药方面要禁止使用对赛鸽身体有害的药物，限制使用可能导致赛后竞翔能力降低的药物，慎重选用因用药剂量等原因可能会影响赛鸽赛后育种能力降低的药物。

磺胺类药物：磺胺类药物是人工合成的抗生物药物。它对赛鸽细菌性感染的疾病和一些原虫病有着很好的防治作用。其作用机理在于阻止细菌的生长繁殖，切断细菌的内酶系统，造成细菌的营养供应受阻而衰竭死亡。常见的有磺胺嘧啶、磺胺噻唑、磺胺氯吡嗪、增效磺胺嘧啶等药物，鸽药产品中常用于防治白痢、球虫病、盲肠炎、肝炎和其他细菌性疾病。但有些鸽友对磺胺类药物缺乏认识，常因滥用而引起中毒。处于赛季的鸽子如果使用了上述药物，通过与碳酸酐酶结合，使其降低活性，从而使碳酸盐的形成和分泌减少，对肝脏有相当大的损伤。因此对处于赛季的赛鸽应禁用。

呋喃类药物：通过抑制乙酰辅酶 A 干扰细菌糖代谢的早期阶段而发挥其抗菌作用，主要用于赛鸽肠道感染。应用中常因拌料不均匀或大剂量长期使用而引起采食量下降等毒性反应，对赛鸽应禁用。

四环素类：系广谱抗菌素，常见的主要是金霉素，主要呈现抑菌作用，高浓度有杀菌作用，除对革兰氏阳性和阴性菌有抑制作用外，还对支原体，霉形体，各种立克次氏体，钩端螺旋体和某些原虫也有抑制作用，如大肠杆菌、副伤寒，霍乱和霉形体有良效，但它的副作用也较大，不仅对消化道有刺激作用，损坏肝脏，而且能与鸽消化道中的钙离子、镁离子等金属离子结合形成络合物而妨碍钙的吸收，同时金霉素还能与血浆中的钙离子结合，形成难溶的钙盐排出体外，从而使鸽体缺钙，不利于幼鸽和赛鸽的骨架生长与发育。

抗球虫类药物：如氯苯胍、莫能霉素、球虫净、氯羟基吡啶（克球粉）、尼卡巴嗪、硝基氯苯酰胺等，这些药物如果在赛鸽体内积聚，则会影响赛鸽的坐孕能力。莫能霉素会影响鸽的免疫力，用量不能超过饲料量的 0.01%，若超过 0.02% 会降低赛鸽的采食量，故赛鸽应限制使用；克球粉，可抑制鸽对球虫的免疫力，用量超过 0.04% 会影响鸽的生长及产蛋；尼卡巴嗪用量在 0.0125% 以上能轻度抑制鸽的免疫力，用量超过 0．08%时会使鸽出现贫血，受精率下降，故赛鸽应禁用。

氨茶碱：氨茶碱又称茶碱乙烯双胺，系嘌呤类药物，该药具有松弛平滑肌的作用，可解除支气管平滑肌痉而产生平喘作用，常用于缓解赛鸽呼吸道传染病引起的呼吸困难，但停药后可恢复，赛季可按照剂量使用，配对期禁止使用。

病毒灵：又名吗啉双胍、利林，为广谱性抗病毒药，可用于预防和治疗流行性感冒、巴拉米哥、腺病毒、鸽痘等，长期应用会引起鸽体内出血，使用时应限用。

土霉素是一种广谱抗生素，能预防和治疗多种疾病。但容易与很多金属离子（如钙、铁、镁、铝、锌等盐类）络合，减少吸收，故使用时不可与保健砂、矿物石合用。

综上所述，赛鸽严禁使用的药物有磺胺类药物、呋喃类药物、金霉素、大多数抗球虫类药物等；限用的药物有四环素类、少数抗球虫类药物、病毒灵等，其他一些药物则应慎重：氮基糖苷类抗生素、土霉素类药物。

赛鸽赛季除了严格遵守上述的“禁”“限”“慎”外，所有赛鸽用药时应注意减少和避免应激、配伍禁忌、避免耐药性、限制使用人用抗生素等。如防疫时严格按照正常的免疫程序对赛鸽进行免疫，可有效防止赛鸽发病和死亡，其目的是争取不用药或少用药。在赛季则更要慎用疫苗，主要指鸽新城疫，赛鸽除发生疫情紧急接种外，一般不宜接种这些疫苗，以防应激等因素引起赛绩下降。再就是从细菌耐药性方面看，鸽友使用兽药时，还要注意限制使用某些人畜共用药，如氮苄西林等青霉素类药，盐酸环丙沙星等人医用喹诺酮类药物的使用容易产生细菌耐药性问题，导致下次使用时疗效降低。从配伍禁忌方面看，抗菌素之间、抗菌素与其他药物混合使用，有的可产生增强相加作用，有的可产生拮抗作用和毒副作用，所以要注意药物间的配伍禁忌，以免带来不良后果，如青霉素G与四环素，土霉素与金霉素则不能混用。从投药途径方面看，大群用药剂型多选用预混剂混饲，或可溶性粉混饮方式，个别鸽可用片剂和注射液剂型，以防带来不必要的应激和重复投药。

赛鸽运动的性质决定了它作为一项非常严谨的工作，每一步都来不得半点马虎，否则对整年甚至多年辛苦建立的种赛鸽基础的打击是致命的。在漫漫的赛鸽夺冠路上，祝愿每位鸽友都能科学饲养，谨慎用药，共同为绿色健康和谐的新赛鸽运动而奋斗！

附录　赛鸽医院诊疗仪器设备清单

附表　赛鸽医院诊疗仪器设备清单

分类	名称	数量	备注
诊断类	显微镜	1	*
	真菌检查仪	1	–
	血液分析仪	1	–
	生化仪	1	–
	恒温培养箱	1	*
	高速离心机	1	*
	蒸馏水生产系统	1	–
	X 光机	1	–
	听诊器	1	–
	革兰氏染色液（套）	2	*
	酒精灯	1	*
	尿分析仪	1	–
	玻璃器皿	若干	*
	观片灯	1	–
	洗片桶	2	–
	洗片架	2	–
	载玻片	100	*
	盖玻片	100	*
	琼脂	10	*

续表

分类	名称	数量	备注
消毒类	紫外线消毒灯	3	*
	消毒液	5	*
	高压蒸汽灭菌锅	1	*
	污水消毒处理桶	1	*
	消毒用喷雾器	1	*
称量类	天平秤	1	–
	台秤（称体重用）	1	*
	电子称	1	–
治疗类	超声波雾化仪	1	–
	各类缝合线	2	*
	止血钳	5	*
	持针钳	2	*
	组织剪	3	*
	肠剪	2	*
	组织镊	2	*
	毛剪	2	*
	各种规格一次性注射器	100	*
	消毒酒精和棉球（套）	10	*
	灌药管	2	*
储存类	冰箱	1	*
管理类	微机	1	*
防护类	特殊医帽裙手套眼镜	1套	*

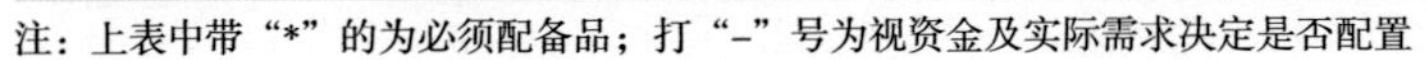
注：上表中带“*”的为必须配备品；打“–”号为视资金及实际需求决定是否配置